陸軍中野学校

「秘密工作員」養成機関の実像

山本武利
Yamamoto Taketoshi

筑摩選書

陸軍中野学校　目次

陸軍中野学校

「秘密工作員」養成機関の実像

プロローグ　なぜ今、陸軍中野学校なのか

筆者は、戦後六十年以上日の目を見なかった公式資料を、二〇一二年に発掘した。それら公文書に裏付けられた「陸軍中野学校」の実像を、本書を通じてできる限り描いてみたいと思う。

明治維新後創設された陸軍は主としてドイツから軍運営のノウハウを学んだ。しかしドイツ軍は作戦中心の軍思想であったため、情報・諜報戦略を教えなかった。したがって陸軍大学や陸軍士官学校のカリキュラムには、インテリジェンス関連の科目がきわめて少なかった。

ようやく一九三八年に開校した「防諜研究所」がインテリジェンスを教える学校として呱々《ここ》の声をあげた。同所はまもなく「後方勤務要員養成所」と改称し、さらに一九四〇年に陸軍中野学校となった。陸軍中野学校は日本最初のインテリジェンス教育を行う専門学校として一九四一年に参謀本部の管轄下で本格的な教育体制を整えることになった。

しかし一九四五年の敗戦で陸軍中野学校は廃校となった。防諜研究所から七年、陸軍中野学校から五年の短い歴史しかなかった。十九人しか入学しなかった開所から廃校までの期間に二千三

百余名の学生を輩出した。創立時にはじっくりとインテリジェンスの教養を身に付けさせた独立の「秘密工作員」を育成する意図をもっていた。長期滞在型の御庭番ないし忍者として世界各地にそれぞれの任務を背負って派遣され、偵察者として厳しいキャリアを積みだした。第二次大戦の開戦で連合国軍側に派遣された一期生たちは引き揚げさせられた。アジア諸国や太平洋諸島に拡大した前線の特務機関員や各部隊の情報将校としての任務が中野学校卒業者に加わった。戦況が厳しくなるとともに、正規軍の戦力が弱体化し、それを補う遊撃戦の指導者として中野卒者が期待されるようになった。中野学校は静岡県二俣に分教所を設立し、インテリジェンスの素養のあるゲリラ戦士の養成に注力した。教育期間は二、三カ月に短縮され、アジア・太平洋の最後の激戦地に派遣されるようになった。

独立勤務者から特務機関員、ゲリラ工作員へと、中野教育は短期間に激変した。そして敗戦。中野卒者は各戦線で降伏し、捕虜となった。アジアや中国では連合軍の捕虜処遇などで責任をとらされて処刑される者が現れた。ソ連軍は六十万人の日本軍人、軍属を捕虜として抑留したが、その中に多数の中野出身者が含まれた。彼らは飢え、寒さ、強制労働、洗脳工作などで地獄の苦しみを味わい、シベリア、蒙古、中央アジアで多数が死亡した。

有史以来の彼らのインテリジェンス体験は貴重であるにもかかわらず、あまり振り返られなかった。証言者として使われるときは、興味本位のスパイ物語の語り部としてであった。幸い中野卒業生の組織である中野校友会が一九七八年に彼らの素晴らしい記憶、メモ、書簡などを駆使して『陸軍中野学校』という立派な歴史書を発刊した。本書執筆中も、この「校史」から重要な個所で大いに参考にさせてもらった。

「校史」は公文書公開以前に刊行された。筆者は自ら発見した中野創立期の頃の公文書を使い、その後の時期は「校史」や断片的な公文書、各種証言をつなぎ合わせて本書をまとめることとなった。

短い歴史ではあったが、中野学校の卒業生（「中野出《なかので》」と呼ばれた）はさまざまなインテリジェンスの戦局に直面し、苦闘した。日本のインテリジェンス工作の壮大な実験に自らの生命を使った。そこには日本人特有の工作が見られたに違いない。あるいは世界のそれと共通する側面があったかもしれない。失敗成功いずれにせよ、振り返り、冷徹に検証する必要がある。事実の発見、検証のなかで、今後の日本のインテリジェンス工作の方向性確保のための貴重なレガシーを提供できると筆者は期待している。

中野校友会会長であった桜一郎（乙Ⅱ長）は明言した。「とまれ陸軍中野学校が前後七年の間に二千名余の秘密戦要員を送り出した事実、またそういう機関の存在を必要ならしめた国際情勢の真相を正確に記録することは後世への務めではなかろうか」と（「陸軍中野学校の組織と変遷」『歴史と人物』一九八〇年十月号）。

第一章
創立前史――日本のインテリジェンスの変遷

本章では、本題である陸軍中野学校自体を追う前に、日本における秘密戦・スパイ・インテリジェンスの歴史からまずは見ていきたい。

1 維新前までは忍者の時代

国内インテリジェンスを担った忍者

日本では古来から秘密戦の手法があった。それを担っていたのは行商人、旅芸人、行脚僧《あんぎゃそう》などに仮装した遊行者《ゆぎょうしゃ》であった。彼らは通常のサービスを地域の住民に提供しながら、ときには権力者の意向を受けて、鋭い目で各地の情報を探り、報告するお目付け役ないしスパイの役割を果たしていた。

普段は農耕をしながらも、戦争、動乱に際しては権力者の要望に応じて、補助的な特殊な武器で加勢する忍者という小集団があった。いずれも関西から関東の地域に散在し、それぞれ独自の技術と文化を保有していた。内乱の際には秘かに敵地に侵入し、敵の秘密の動向、つまりインテリジェンスを獲得していた。とくに伊賀、甲賀の忍者は明智光秀の追撃を逃れる徳川家康を助けたことで徳川家に重用され、幕藩体制の安定に一定の寄与をしたとされる。そのリーダーであった服部半蔵は城の警護にあたる要人に抜擢され、自らの名を付した江戸城の半蔵門内に居を構えるほどとなった。

彼らの秘蔵するスパイの技術は隠密、お庭番といった者に引き継がれていった。しかし江戸城完成後、天下泰平の世とともに彼らの幕府内での地位は次第に低下し、各地に流派を細々と継承する地域集団に収まった(1)。

鈍かった国際的インテリジェンス感覚

日本のインテリジェンスの歴史をさかのぼっても、奈良、平安時代では外国からの日本来襲や逆に日本から外国への攻撃の大規模な事例を探すのは困難である。それは日本列島が島国ゆえに孤立して、当時の船舶事情では侵入、進撃ともに不可能に近かったという特殊事情があったことによろう。日本の古代国家は中国、朝鮮との交流の中で文明を築いてきたが、九世紀末に遣唐使を廃止した。

その中国では宋が滅び、チンギス・カンの蒙古族に占領された。鎌倉時代の元寇は隣国中国との戦争であったが、鎌倉幕府の反撃と大風で蒙古軍・高麗軍の来襲は二度とも撃退できた。とくに台風は元軍への逆風となった。それ以来、四方を海で囲まれた日本では外敵が侵入した際には神風という順風が吹くとの神話が定着した。

キリスト教のポルトガル人宣教師渡来と布教活動、欧州諸国との交易といった欧州からの開国の誘いは、日本への侵略を招来する危険性があると時の権力者は鋭く認識した。徳川幕府ではその初期から鎖国政策によって欧州勢の開国開放の要求は排撃され、宗教、交易などすべての面で日本は二百六十年、多くの国との交流を止めた。幸い欧米列強によるアジア侵略と植民地化の動きの中心から日本は地政学的にはずれていたため、海外の動向を無視して、自国の平和を維持していた。外国から国土が侵略されるという危機感は幕府や日本人には薄く、江戸の世では太平の夢をむさぼっていた。したがって外国の軍備や謀略で日本が侵害されるとの警戒感から生まれる対外インテリジェンス感覚は生まれにくかった。

鎖国の時代でも、インテリジェンスにかかわる事件が絶無ではなかった。十九世紀初頭、長崎のオランダ商館で日本の動植物を研究しているとされたドイツ人シーボルトは国禁の日本地図を国外に持ち出そうとした。彼は日本の軍事情報収集をねらうスパイとの嫌疑が幕府からかけられた。彼の出国は許されたが、彼と交流した多くの日本人が処罰された。(2)

徳川末期には周辺諸国からの開国の要求が強まり、幕府はあわてて海岸要塞や台場設置で鎖国海防を図った。オランダを通じて、中国へのイギリスの侵略情報を注視していた。しかし一八五三年のペリー艦隊四隻の来航が開国の契機となった。アメリカとの和親条約に続き、イギリス、オランダ、ロシア、フランスとの通商条約が取り結ばれた。それ以前からロシアの千島、北海道への南進は幕府をいらだたせていた。しかし幕末期でも日露が軍事衝突することはなかった[3]。

2　日本軍の創設と参謀本部

西南戦争、日清・日露戦争

明治維新で日本政府は富国強兵を謳うようになった。陸海軍は仏独の支援で新時代を生き抜く兵力を整備しようとした。西南戦争で徴兵国民軍が旧士族の軍隊を破り、軍の基礎が固まった。

維新の最大の功労者は西郷隆盛といわれている。彼はその過程でインテリジェンスの手法を駆使して目的を達成した謀略の第一人者であった。鳥羽・伏見の戦いの後、江戸の放火、強盗などによる破壊工作を意図的に実行した。そのために使ったのは相楽《さがら》総三《そうぞう》率いる赤報隊であった。相楽はこの功績を西郷に認められ、薩摩軍の進軍を助ける意図的なデマ心理作戦を担った。しかし江戸侵攻に目途がついてくると、彼の利用はそれまでであった。今度はその露骨な工作の不評を隠すために、西郷は赤報隊を偽官軍と公言して、相楽を処刑した。

西郷はともに手を組んで幕府打倒を行った大久保利通に西南戦争で追い詰められ自害した。その直後、大久保は不平士族に暗殺された。西郷、大久保の薩摩閥に代わって台頭した元老第二代は山県有朋《やまがたありとも》であり、第三代は桂太郎であった。いずれもインテリジェンス部門、とくに陸軍参謀本部を基盤に権力を固めた権謀術策に長《た》けた長州閥のリーダーであった。彼らは西郷同様に、作戦よりも情報、謀略を重視する権力者であった。インテリジェンス志向の強い政治家が日清、日露戦争を勝利に導いたといってよかろう。

東アジア方面の作戦・情報工作のための組織

一八七八年に山県の手で参謀本部が設置された。その機関は国家が軍の作戦や情報工作を行うことを目的としていた。日本は台湾出兵で一応対外的攻略の最初の目的を達したが、清国との和平が次の課題として浮上した。清国情報の収集のため、士官学校出の荒尾精《せい》が川上操六参謀本部次長の諒解と援助を得て、上海に出向いた。当地で薬種を販売する楽善堂経営の岸田吟香《ぎんこう》からの援助も得て、漢口の楽善堂支店をインテリジェンス収集のアジトとした。荒尾は売薬をしながら兵要地誌を探る数十名の同志日本人をスパイとして大陸各地に放った。しかし中国の奥地で情報活動を行った同志の幾人かが行方不明となった。つまり最初の特殊偵察勤務の犠牲者といってもよかろう。(4)

一八九〇年、荒尾は日清貿易研究所を上海に作り、中国インテリジェンスの専門家を養成し始めたが、参謀本部からの援助が途絶えた。武器、装備費に軍事予算の大半が使われ、インテリジェンスへ回す資金的余裕が当時の政府にはなかった。川上操六は自宅を担保にして荒尾の活動に資金援助を行ったが、それには限度があった。荒尾は日清貿易研究所の経営維持に精魂を使い果たして、間もなく死去した。華族の近衛篤麿《あつまろ》が同所を引き継ぎ、東亜同文会を設立し、さらに一九〇一年に東亜同文書院の開設につながった。その後、東亜同文書院は本土の各府県からの留学生派遣費で運営され、中国関係の研究者、ジャーナリスト、企業人などを輩出した。軍事部門とくにインテリジェンスの専門家の供給源の一つともなった。同学院からの陸軍中野学校への入学者も少なくない(5)。

日露戦争期での個人プレイ

予算不足はインテリジェンス工作を個人の能力や意欲に依存させることになった。ドイツ公使館付武官だった福島安正がシベリア単騎横断を行い、シベリア鉄道沿線のロシアのインテリジェンスを観察した。彼は日露戦争時に参謀本部情報部長となって陸軍のインテリジェンス活動を担った(6)。

明石元二郎はロシア公使館付武官を経て、日露戦争時の欧州駐在大佐になり、レーニン等反政府分子への工作に辣腕を発揮し、日本勝利のためのロシア攪乱《かくらん》活動を一人で行ったといわれる。

ただしレーニンなど彼から資金を受けた側の関係資料は出てこない(7)。

花田仲之助は日露戦時、大本営幕僚附として黒龍会系の満州浪人を編成した私兵満州義軍を率い、満州でのロシア軍の後方を攪乱した。黒龍会は、頭山満《とうやまみつる》らが主宰した玄洋社と並んで、北九州の石炭資源で蓄積した資本で対中国のインテリジェンス活動を民間次元で行ったナショナリスト集団であった(8)。

石光真清《まきよ》は日露戦前に陸軍士官としてロシア留学した(9)。偽名でハルビンにおいて写真店を開きながら、ロシア軍の動向を探る独自の諜報活動で日本軍を支援した。日露戦時は第二軍管理部長となった。戦後は関東軍嘱託などでインテリジェンス活動を行った。花田、石光など満州浪人的な忍者が個人の才覚と勇気を出した個人的な活動が明治後期以降目立った。

明石から石光にいたる特殊偵察勤務者は藩閥政府に保護された情報将校であった。彼らそれぞれが個人的なインテリジェンス感覚で貴重な外国情報を入手し、それを国家・軍部のリーダーが活用して戦術・戦略を立てたからこそ日露戦争は勝利したのである。しかし明治期では機関としては、参謀本部でも情報部門の地位はそれほど大きいとは言えなかった。

3　個人から機関へ

シベリア出兵を契機とした特務機関の誕生

第一次大戦で日本は連合軍側に付いてドイツに勝利し、帝国主義的な列強の一員となった。戦後まもなくロシアのロマノフ王朝がレーニンらによる革命で崩壊した。一九一八年に日本軍がチェコスロバキア軍救援を名目にシベリアに出兵し、革命に干渉した。英米各国は次第に撤兵したが、日本軍は居留民保護を名目に一九二二年までシベリアに踏みとどまった。この戦争のさなかに、日本軍は純作戦以外に対処すべき複雑な問題に直面した。他国軍との交渉、占領地統治、宣《せん》撫《ぶ》など軍事外交の諸問題の処理を担う「軍隊に非ざる特殊の機関」つまり特務機関が生まれた。

陸軍は「諜報機関設置要領[10]」を出し、ウラジオストック本部、ハルビン本部を設立した。その運営費として一時費九千円、維持費月額一万七千円を計上した。満州やシベリアの主要都市で特務機関を創設し、各都市に以下の将校を配属した。

ハルビン　石坂善次郎少将
チタ　　黒沢準大佐

ウラジオストック　井染禄朗中佐[11]

「蒙古及新疆地方諜報機関配置ノ件[12]」という文書では、ロシア、ドイツの中国西北境への陰謀阻止を謳っている。

こうして明治期から個人プレイの目立ったインテリジェンス活動がシベリア出兵後期には組織的工作の色合いを持ってきた。実際、一九二六年（大正十五）の「朝鮮軍諜報計画[13]」では作戦資料収集、「思想諜報」活動が提唱された。

第一次大戦と欧米のプロパガンダ研究熱

第一次大戦ではドイツに対する連合軍の総力戦とプロパガンダ活動が目立った。とくにイギリスによる同盟国向けのビラやポスター大量散布が注目され、ドイツの敗北を促した。その現象を分析するインテリジェンス用語としてプロパガンダという言葉がメディアや軍部で使われるようになった。第一次大戦以降の欧州では戦争の結果に関係なく、諜報研究や宣伝研究が学界にも浸透するようになっていた。

当時のドイツではまだヒットラーやファシズムの影響があまり及んでいなかった。ドイツの軍幹部は第一次大戦の敗北の原因とされる諜報やプロパガンダについて、リベラリズムの立場から謙虚かつ必死に学んでいた。

大正デモクラシーの日本でもプロパガンダへの関心が高まり、欧米の研究書やリポートが昭和初期にかけて参謀本部や内閣情報部から翻訳出版されるようになった。

大正末から昭和初期の陸軍における陸軍大学校専攻学生の名前、研究テーマのデータがある。陸軍大学校は陸軍士官学校の卒業生から試験で選ばれた最高学府で、将官を輩出するエリート学府であった。エリート軍人は諜報、宣伝を謀略面からアプローチする姿勢をもって、リベラルな時代を過ごしていたようである。自由なテーマ選択の中で彼らはインテリジェンス研究への関心を高めていた。たとえば陸軍大学校専攻学生第一期の山脇正隆（参謀一課長）は一九二三年に「諜報宣伝」、草場辰巳（満鉄顧問）は一九二四年に「後方勤務」、第四期の丸山政男（インド駐武官）は一九二七年に「謀略宣伝」を研究テーマとしてそれぞれ選んだ⑭。

参謀本部の緊急指令――「諜報宣伝勤務指針」を作成せよ

一九二五年十二月二十一日付け参謀本部総務部長阿部信行から陸軍省副官中村孝太郎あての「保安情報等ニ関スル件通牒⑮」に注目したい。その文書の冒頭には「国家保安ニ関スル諜報並諜報及宣伝ニ関スル諸編制ノ研究ヲ更ニ徹底」せよとの命令が記された。つまり国家安全のための諜報、宣伝の軍事的な組織編制の研究を徹底的に行えとの命令である。第一次世界大戦での「交戦列強」の比較研究つまり英、米など連合国だけでなく敵側のドイツの採用した方法、手段を幅広く研究せよとの指示である。

阿部部長の通牒から二年二カ月後の一九二八年二月に「諜報宣伝勤務指針」が出された。早速、この文書は同年三月三日、憲兵司令官から陸軍大臣へ二十三部増配要請があり、各憲兵隊や憲兵練習所に配布された[16]。

この資料は大正デモクラシーの流れに影響された軍部で作成されたわけである。内容そのものにも総力戦志向は濃厚であったものの、まだファシズム色が薄かった。

4　参謀本部に先行する関東軍の謀略

河本大作による「諜報勤務規定」と張作霖爆殺事件

関東軍は先に述べたように満州やシベリアの主要都市に日本では最初の特務機関を設立していた。特務機関を管轄するのは関東軍参謀部である。そこでは本土の参謀本部に先駆けて「関東軍諜報勤務規程」を一九二六年（大正十五）に作った[17]。

この文書には「諜報作戦」「宣伝」や「機密費使用計画」といったインテリジェンス用語が散りばめられている。さもありなん。これは陸軍大佐・河本《こうもと》大作が参謀として作成、使用したものであった。実際、二年後の一九二八年、この河本大佐が何かと関東軍にたてつく満州軍閥の張作霖を奉天郊外の満鉄で爆死させた張本人となった。まさにこの「規程」を忠実に河本大佐自らが実行したわけである。

止まない関東軍の暴走

昭和天皇がこの事件の真相を知って、時の田中義一首相を譴責《けんせき》した。そのため、内閣は崩壊した。しかしそんな本国の動きに収まる関東軍ではなかった。関東軍参謀部が一九三一年九月十八日、自ら計画的に満鉄爆破、それを口実に満州全土の支配を実行した。満州事変の勃発である。関東軍の謀略は今度は個人ではなく、板垣征四郎、石原莞爾など参謀全体の謀議から生まれた。彼らは翌年満州国を樹立し、満州の中国大陸からの分離を図った。

アメリカや国際連盟はリットン調査団を現地に派遣し、日本のこの謀略を暴露し、批判を強めた。この調査団に秘かに真相資料を提供する中国人多数が日本の憲兵隊員によって闇から闇に葬られた。(18)

一九三三年、一連の動きに対する批判を決議した国際連盟を日本は脱退し、満州支配を強めた。この過程で土肥原賢二大佐は奉天特務機関長として清国のラストエンペラー溥儀《ふぎ》を天津から脱出させ、満州国の元首に据える謀略を実行した。彼の鮮やかな工作は、アラビアのイギリス支配を実行させた謀略家「アラビアのローレンス」ならぬ「満州のローレンス」として欧米側を驚嘆させると同時に震撼させた。

関東軍による本国の参謀本部を無視した行動は軍の命令・指揮系統を根幹から崩す契機となっ

た。満州事変以降の日本本土の軍部ファシズム勢力を刺激した。参謀本部には現地軍から重要な情報が届かぬようになった。届く情報の多くが現地軍に好都合なものであった。あるいは発信者の謀略的な情報が含まれることがあった。

日露戦争期とは逆に参謀本部内での情報担当の二部参謀が作戦担当の一部参謀から軽視される契機になった。それ以降、参謀本部では情報部提供の情報を作戦部が回避するようになった。作戦部自体の収集した限られた情報や参謀のカンで重要な作戦が決定される形骸化が顕著となった。

傀儡《かいらい》国家満州国を強引に産み落とした日本は、世界からの孤立を進めたが、満州を生命線と見る政府・軍部の方針には変化がなかった。むしろ満州の権益を守るために、中国北部や蒙古を支配する工作が強力に実行されるようになった。

一九三七年七月七日に日中戦争（支那事変）が北京郊外の盧溝橋《ろこうきょう》で発生し、戦争は中国全土で拡大した。ソ連との緊張も強まり、満州とシベリアの国境紛争が頻発する。アジアの権益をめぐる英仏やオランダとの領土、資源の争いも顕在化した。さらにアメリカによる日本への制裁措置が年々強化された。

5　インテリジェンスの啓蒙活動

日本暗号が解読された！

第一次大戦後の講和や軍縮の会議に日本は積極的に参加した。米の暗号研究者ハーバート・ヤードレーは、ワシントンで一九二一―二二年に開かれた海軍軍縮会議の日本側外交暗号を自身が主宰する暗号解読機関ブラック・チェンバで解読し、アメリカに有利な交渉を推進するのに貢献した。後に「紳士たる者は、互いの信書を盗み読みなどしないものだ」という当時のスチムソン国務長官の発言からその機関は政府援助を止められ、一九二八年に解散させられた。これに怒ったヤードレーは事情を暴露した本を出版した。同書は日本でも『ブラック・チエンバ』（大阪毎日新聞社訳刊、一九三一年）とのタイトルで翻訳され、ベストセラーとなった。これ以降日本軍は自国暗号の保守と外国暗号の解読に取り組むこととなった[19]。

国民向けのスパイ警報

大陸での日本の軍事活動は拡大していった。盧構橋事件（一九三七年）、上海事変さらには南京事件などが次々と起きた。東京の上空には意味不明の無線が交錯するようになった。現にこの頃ソ連のスパイであるゾルゲが無線技士を使って、入手したインテリジェンスを無線でモスクワへ送り出していたが、発信場所をしょっちゅう変えたので、その所在は突き止められなかった。ゾルゲグループを摘発したのは、パールハーバー勃発以降である。

このような情勢のなかで、政府、軍によるインテリジェンスとくに防諜への国民啓蒙活動が活発となった。一九三六年に内閣情報委員会が設置され、国民向けに各種のパンフレット、冊子が発行されるようになった。一九三七年に情報委員会は内閣情報部に昇格した。

以下は一九三七年九月一日に情報委員会が出した「国家機密の保護」というパンフレットに載せられた「間諜」（スパイ）に関する文章の一部である。

事実は到るところに暗躍している。また日本人の中にも金に目がくらんだり、思想的の原因から国家の機密を売るものがある。ヤードリのブラック・チェンバやローワンの国際スパイ戦、スチュアート卿のクリウハウスの秘密等坊間の著書に書いてあるような間諜組織および其の暗躍、秘密無線電信設備による通信、精巧なる写真機の使用、隠語、秘密インクによる通信、信書開封器の利用、紫外線利用の封書内透視等は全然荒唐無稽の小説ではなく、実際かようなことが今日現実に行われているのである。こんなわけでどこに間諜が潜んでいるかわからぬ。油断も隙もならないというのが実情である。

一 スパイノ活動状況

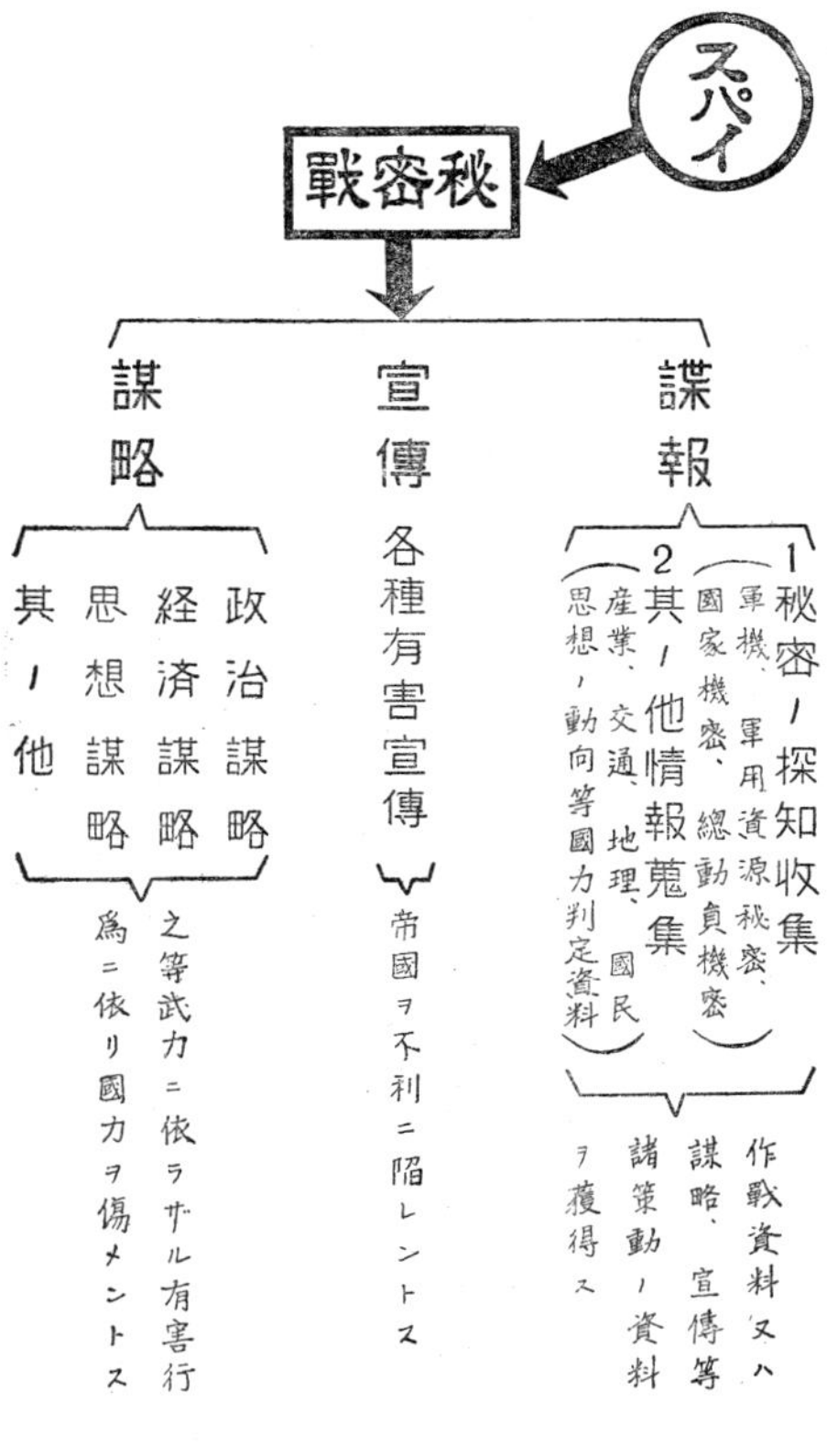

右・左ともに内務省発行「防諜講演資料」（筆者所蔵）より

四、防諜方策

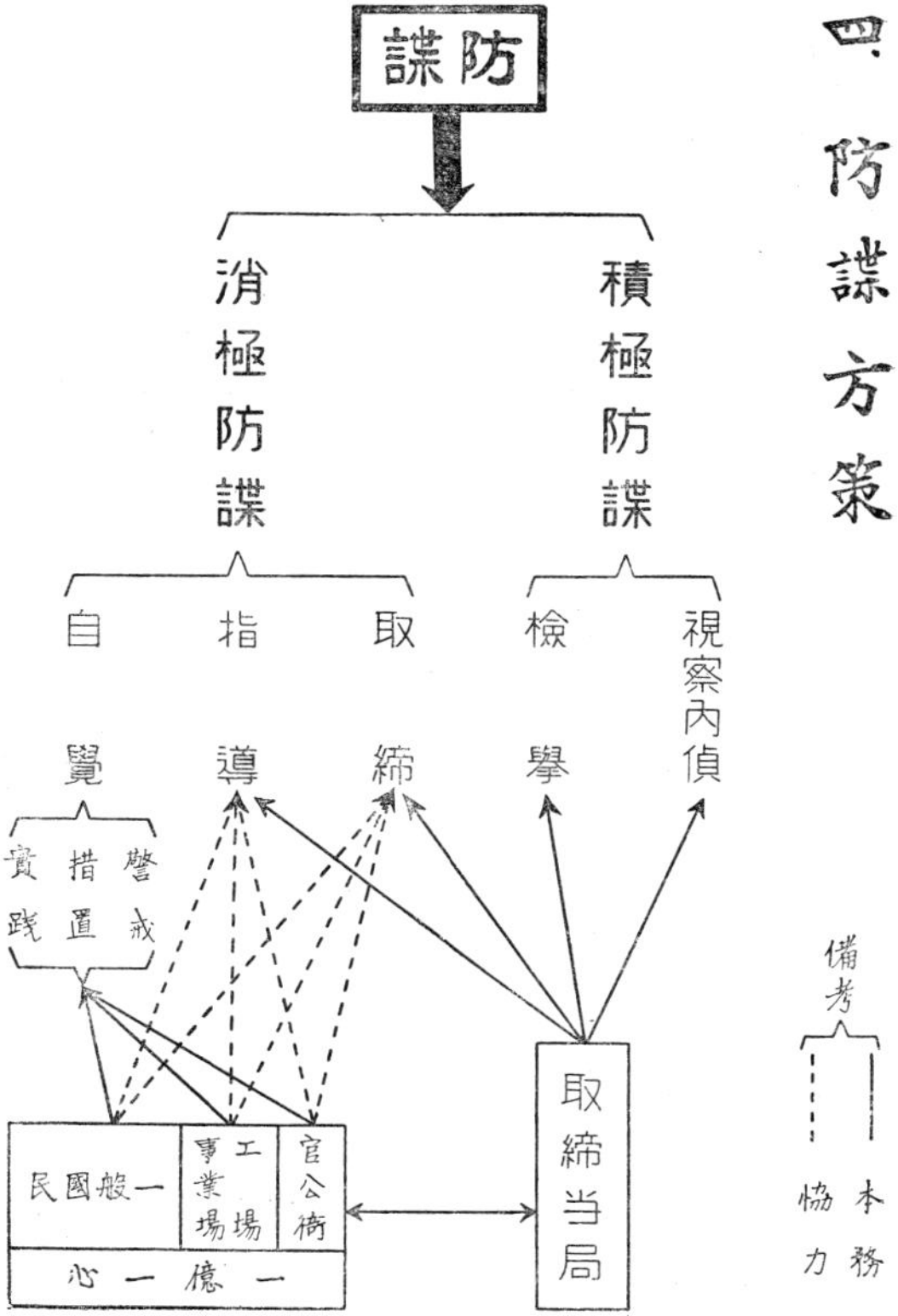
防諜
消極防諜
積極防諜
自覺
指導
取締
檢擧
視察内偵
警戒
措置
實践
一般國民
工場事業場
官公衙
一億一心
取締当局
備考
本務
協力

情報局発行『国策標語年鑑』の一九三八年募集の当選作には次のようなものが出ている。

一億が　一つ心で防諜団

間諜は　汽車に電車に　井戸端に

武器持つ敵より　武器なきスパイ

インテリジェンス・リテラシーを高めようとするプロパガンダが政府・軍部主導で本格化するのが一九四〇年前後であった。

内務省はパンフレット「防諜講演資料」一九四一年四月刊で前頁見開き図のようなスパイへの警報を国民に向け出していた。そこには「諜報」、「宣伝」、「謀略」を巧みに図示すると同時に、「防諜」に積極と消極の二つがあることを示している。まさに「防諜」「諜報」「宣伝」「謀略」の四つが「秘密戦」を担う情報将校を教育する中野学校の柱そのものであった。

ちょうどその頃、ゾルゲは日本の開戦決定とその方向を正確に諜知し、ソ連へそのインテリジェンスを送り終った。

第一章　文献

（1）山口正之『忍者の生活』雄山閣、一九六三年／『忍者の教科書』伊賀忍者研究会、二〇一四年
（2）秦新二『文政十一年のスパイ合戦――検証・謎のシーボルト事件』文藝春秋、一九九二年
（3）塚本政登士『日本防衛史』原書房、一九七六年
（4）関誠『日清開戦前夜における日本のインテリジェンス――明治前期の軍事情報活動と外交政策』ミネルヴァ書房、二〇一六年
（5）大学史編纂委員会編『東亜同文書院大学史』滬友会、一九八二年
（6）島貫重節『福島安正と単騎シベリヤ横断』上・下巻、原書房、一九七九年
（7）黒羽茂『日ソ諜報戦の軌跡――明石工作とゾルゲ事件』日本出版放送企画、一九八七年
（8）『東亜先覚志士記伝』上巻、原書房、一九六六年、八一五―八三六頁
（9）自伝『望郷の歌』（龍星閣、一九五八年）など四部作『城下の人』『曠野の花』（同）、『誰のために』（龍星閣、一九五九年）
（10）C03025078700。アジア歴史資料センター資料番号、以下Cから始まる番号、同
（11）樋口季一郎「北方情報業務に関する回想」（防衛研究所）
（12）C03022436400
（13）C03022769000
（14）上方快男『陸軍大学校』芙蓉出版、一九七三年、一七四―一八〇頁
（15）C03022737700
（16）C01003831600
（17）C03022739000
（18）アムレトー・ヴェスパ、山村一郎訳『中国侵略秘史』大雅堂、一九四六年
（19）吉田一彦、友清理士『暗号事典』研究社、二〇〇六年

第二章

秘密工作員養成学校の誕生

一九三七年七月七日に北京郊外の盧溝橋で起きた日中戦争（支那事変）は和平どころか戦火を日に日に強めていた。満州国を作った関東軍は北ではソ連との緊張を高める一方、南西では蒙古、中国への侵攻を進めていた。さらに八月、上海で日中衝突（第二次上海事変）が発生した。日本の動きは国際関係を緊迫化させ、欧米の日本軍への警戒感を強めていた。

こうした戦局を担う陸軍は、防諜面では、スパイを捕まえる「消極防諜」から、侵入せんとするスパイを潜在敵国で叩く「積極防諜」へと姿勢を強めた。防諜と諜報、謀略と宣伝とを有機的につなげた秘密戦の必要性を認識し、啓蒙する活動を本格化させるようになった。

陸軍省では兵務局内部に防衛課が新設された。参謀本部では情報部門の第二部に第八課が新設され、宣伝、謀略を担うこととなった。

まず陸軍中野学校の創立にかかわった重要人物を順に見ていくことにしよう。

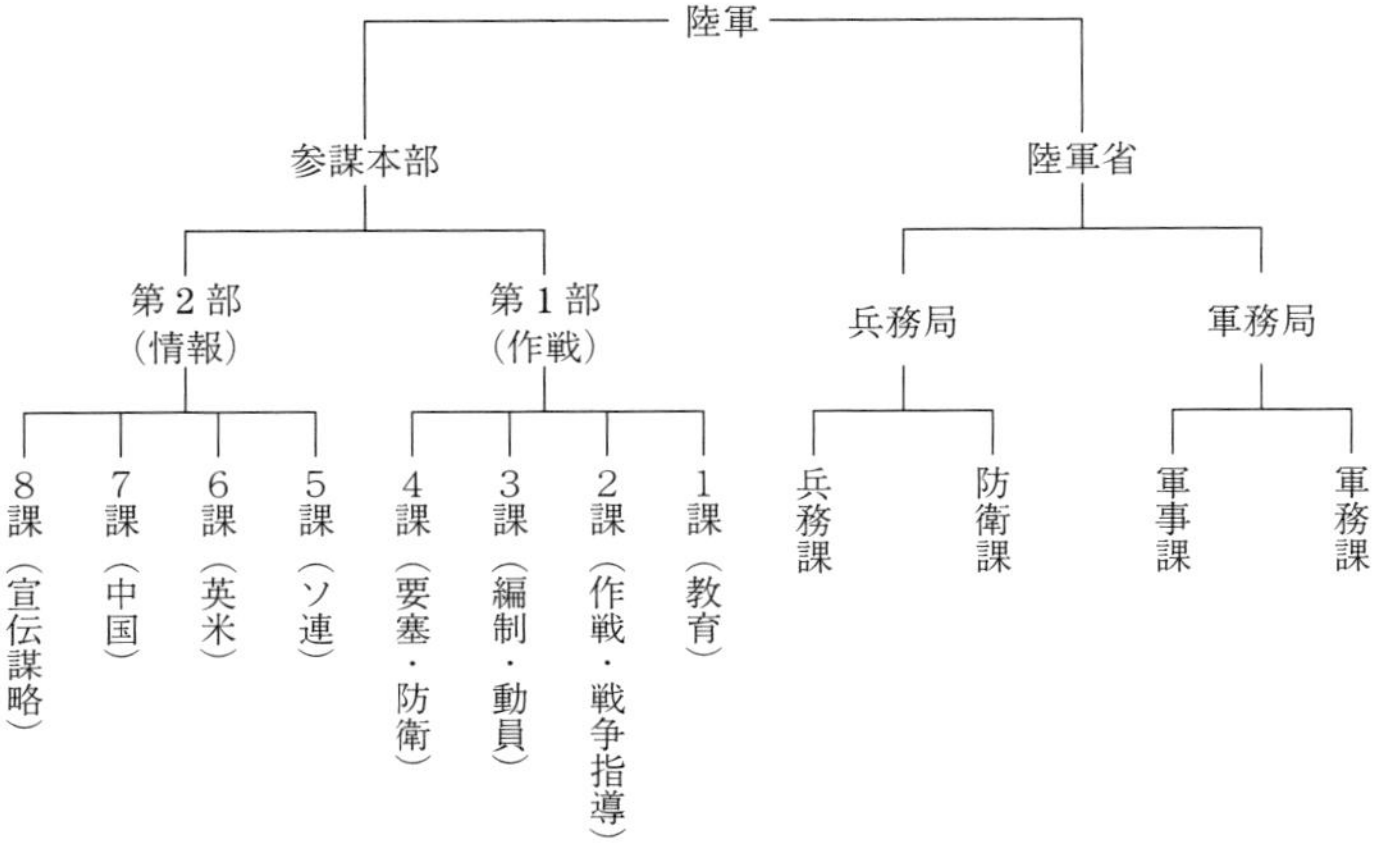

陸軍関係部署（1940年8月）筆者作成

1　科学的インテリジェンスの提唱者・岩畔豪雄

軍機保護法の改正

前章で述べた日本のインテリジェンスの黎明期を担った明治の元勲たちは、インテリジェンスのリーダーを育てられなかった。ようやく孫世代になって、軍部の逸材が佐官クラスで頭角をあらわし、陸軍中枢を握り出す。それは一九三〇年代であった。

岩畔豪雄《いわくろひでお》（一八九七―一九七〇）は日露戦争に勝利をもたらした明治期の情報将校のレガシーを引き継ぐ能力をもった人材であった。彼は一九三九年には陸軍省軍事課長、大佐となった。戦術・戦略の石原莞爾に相当する異能のインテリジェンス将校として、科学的、巨視的な視野でさまざまな工作を企画、実践した。

彼は防諜、謀略、宣撫などインテリジェンスのほとんどの分野で直接、間接の布石を打ち、第二次大戦での工作に大きな影響を与えた。「陸軍省内に特別の諜報機関が設けられたり、中野学校が設けられたりしたが、これはいずれも岩畔さんの発想によるものと聞いている」という定説ができた[1]。

岩畔豪雄（写真提供・雑誌「丸」）

岩畔は「奇才縦横謀略に興味(2)」との評価が高く、一九四一年には陸軍を代表して、日米開戦阻止の交渉のためにワシントンに派遣されたが、奇策は発揮できなかった。

岩畔の存在が同時代のジャーナリストなど陸軍ウォッチャーに注目され出した時代はゾルゲの日本での暗躍期（一九三三―四一）に相応する。憲兵隊にしろ、特高にしろ、防諜に関連する機関は、東京の空中に飛びかう正体不明の無線にいらだっていた。もちろん岩畔はゾルゲの存在を知るはずもなかったが、専門家の直感で外国から日本に対するインテリジェンス工作が強まっていること、その防備がとくに諜報面で弱いことは認識していた。

一九三六年七月兵務局を新設したのは陸軍中枢であったが、岩畔は一九三六年八月兵務局の課員となるや、一八九九年に制定されながら国際的に遅れていた軍機保護法の改正に乗り出した。軍事機密の探知や漏洩への懲罰を重くし、とくに外国に漏らした場合に死刑、無期懲役に処せられるようにしたのが改正の骨子であった。

一九三七年、軍機保護法改正案は国会を通過した。

秘密の防諜施設「山」をつくる

岩畔は一九三七年、牛込区戸山（現在、新宿区戸山町）に防諜対策の秘密の施設である兵務局別班・警務連絡班をつくった。それは小高い山にあったので、秘密名は「山」といわれた。そこに出入する者は将軍といえども軍服を着ることは許されなかった。陸軍のマークである星のついた車も厳禁となっていた。

「山」では在日各国公館の郵便検閲、電信傍受、無線傍受方法の開発、実行や陸軍中野学校の開設準備がなされていた。岩畔の提唱する秘密戦の科学化のための実践の一つであった。隣接する陸軍施設で石井四郎中佐の関東軍防疫給水部（７３１部隊）も胎動していたが、軍の生物学的な秘密工作を担っている点で「山」と無関係ではなかった。

岩畔は自ら関与・演出した一九三〇年代から終戦までの秘密戦工作の総括を戦後十一年目の一九五六年に公表している(3)。

この文章の冒頭部分に「牛込区若松《ママ》町にある陸軍軍医学校と騎兵第一連隊との境界付近に、建坪二百坪余りの木造二階家が建築されたのは昭和十二年の春であるが、この目だたない建物こそ、わが国で初めてお目見えした科学的防諜機関の庁舎であった」とある。

「山」ではどんな防諜活動が準備されたか

国際電信の送受信内容のすべてが、毎日逓信省からこの機関に通ずる秘密回線に転送された。また外国公館と外部との電話による通話も、すべて牛込電話局に集約されて、若松町の防諜機関の電話線に連接された。

外国公館から自国に送られる信書は、一応中央郵便局に集められた上、「山」に送られたが、この防諜機関ではこれらの手紙の開封の証跡を残さないような方法で開緘《かいかん》し、内容を撮影したのち原形に復し、約二時間後には、中央郵便局に返した。

開封は一般的にはきわめてたやすい仕事であるが、防諜対策の加えられた封筒の開封はかなりむずかしかった。この道のベテランだった竹内長蔵准尉はノリづけされた封筒を薄い刃物で切り開く特技をもっていた。彼によれば、切る触感で紙とノリとを弁別するくらいデリケートな神経が必要であったという[3]。

近代史研究者岩井忠熊は、満州の前線にいた義理の兄の香川義雄大尉が岩畔に呼び戻されて「山」つくりに励んだ経過を『陸軍・秘密情報機関の男』（新日本出版社、二〇〇五年）で香川自身の「私の過去帖から」というノートを参照しながら、紹介している。筆者は岩井から、電話盗聴に協力した「A氏」とは逓信省の石井浅八課長、「B氏」とは日本電気の中根課長であること、さらに郵便開封に協力した「C局長」は遠藤中央郵便局長という実名を教えてもらった（三人とも故人となったので歴史事実として公開は問題ないとは岩井の言）。

「山」は、これから述べる中野学校設立後も活動を続けた。中野の卒業後一九四一年七月にこの「山」に入った中家俊彦（丙２）は、そこですでに任務についていた中野先輩の城口正八中尉（乙Ⅰ短）に歓迎された。そして当時の様子を描いている。[4] 中家によれば、「山」の任務は①電話の盗聴、②開錠、盗写、③書簡の開封、盗写、④情報の総合整理で、彼は①の任務に就き、国際電話から、在日各国の公館その他の電話の盗聴、とりまとめに従事した。これは香川ノートの内容を裏付けている。

こうした捜査方法、手段を用いた軍事資料部「山」が神戸、福岡にも設置され、その支部員が国内を中心に終戦まで活動し、多くの中野出身者がその活動[5]に従事することになる。さらに上海、天津などにも配置となった。

岩畔の講義は数回のみ

岩畔は軍行政の多忙ゆえに中野学校で教えたのは、後述の神戸事件で辞任した秋草俊《あきくさしゅん》の担当「情報勤務」の穴を埋めた一九四〇年の数回のみである。乙Ⅰ以外の学生は岩畔の名を知らなかった。しかし彼の腹心であった香川大尉を中野学校事務局に残し、その後の学校運営の監視をさせたり、インテリジェンス機関への自身の勢力を扶植させたりする抜け目のなさはさすがである。

2　創立期の教育的支柱・秋草俊

長い対ソ工作体験から学んだもの

秋草俊（一八九四―一九四九）は陸軍士官学校の第二十六期卒で、三十期の岩畔の四年先輩であったが、陸軍大学校を出ていなかったので学歴社会の軍部では陸大卒エリート（天保銭組《てんぽうせんぐみ》）の岩畔に比べれば出世が遅れた。しかし彼は実践面での功績があったため、岩畔に大きく引き離されることはなかった。一九三三年にハルビン特務機関補佐官となり、ロシア人スパイをシベリアに投入したり、ロシア語パンフレットを作成、現地で散布したりして実績を残した。東京外国語学校（東京外国語大学の前身）ロシア語科とハルビン留学でロシア語を磨いた。

秋草と岩畔が軍歴で最接近したのは「山」つくりと陸軍中野学校創設期の約四年間であった。秋草が岩畔をどう評価していたかの資料は見当たらない。一方岩畔は秋草に対し、「当時対ソ諜報のベテランとして有名」(6)と紹介しつつも、「非常に常識に長けた人」(7)との短評しか残していない。

秋草は陸軍行政の中枢で能力を発揮していた岩畔の敷いた路線に従ったが、中野学校の組織と教育を基礎付け、軌道に乗せた点では岩畔以上の創設期の最重要人物である。

秋草は最初の防諜研究所、そしてそれを改称した後方勤務要員養成所（四十五頁の表参照）では初代所長として、ソフトとハードを織り交ぜる彼の行動様式を教育面にも反映させた。秋草は少人数のセミナー形式で軍隊内であっても天皇制も自由に論じさせ、寺子屋的な環境で公私にわたって学生に接した。一期生の井崎喜代太が「われわれ学生の間では（注・教師それぞれを）秋さん、福ちゃん、佐又さんと呼ばしてもらっていた。外で一緒のときは、社長さん、専務さんという具合に呼んだ[8]」と親しみを込めて回想している。

秋草俊（写真提供・雑誌「丸」）

彼は所長就任前に対ソインテリジェンス工作のきびしさを体感し、それに耐えうるインテリジェンス的性格と能力の習得を学生に求めた。そのソフトな姿勢の背景には「諜報謀略的人格ノ修練[9]」という秋草の厳しい指導目的があった。学生に「秋さん」と呼ばせ自由な議論をさせたのは、堅苦しい行動から抜けさせるねらいからであった。

参謀本部は所長在職中の秋草を第五課の兼任幕僚として処遇し、彼の指導に権威を与えることを忘れなかった。二年ほどしかたたないのに、同校が陸軍内で「秋草学校[10]」と呼ばれるくらいに指導力を発揮した。ある軍内稟議書[11]の欄外には、この学校は〝秋草機関〟と走り書きされているほどであった。

「防諜研究所」という名の中野学校の誕生

岩畔・秋草の協力によって「山」の工作は急速に展開した。目星がついた機関から順次「山」を降りてきた。秘密兵器開発基地の陸軍登戸《のぼりと》研究所の前身として、一九三七年十一月に「陸軍科学研究所登戸実験場」が開設された。

「山」で煮詰まってきたインテリジェンス工作の本丸は陸軍中野学校（以下中野学校）を創立することであった。スパイ戦のソフトを軍人に習得させるために中野学校が生まれ、中野学校の要請する秘密戦のハードを開発することを目的として登戸研究所がつくられた。

一九三九年八月四日に陸軍科学研究所令改正が出され[12]、同年九月には陸軍科学研究所登戸出張所が正式に誕生した。そこでは、特種電波や特種科学材料の研究が開始され[13]、盗聴用レコーダーの開発依頼が篠田鐐《あきら》中佐に出された[14]。その後篠田によって終戦まで陸軍の秘密研究所である第九陸軍技術研究所（通称登戸研究所）が運営され、同研究所は主として中野学校や陸軍各戦線からの秘密兵器開発要請に応える開発を実行した。

一九三八年四月に防諜研究所新設に関する命令に基づき（軍令なしに）「防諜研究所」が呱々の声をあげた（次頁の表参照）。その設立母体は登戸研究所と同じ陸軍省であったが、防諜研究所は兵務局の役割が大きかった。防諜研究所の創立期の資金は少ない兵務局の予算から捻出され

陸軍中野学校の名称変更の時系列

1、防諜研究所	1938年4月11日
2、後方勤務要員養成所	1939年5月11日
3、陸軍中野学校	1940年8月1日

陸軍中野学校の所轄変更の時系列

1、兵務局	1938年4月11日
2、陸軍省	1940年8月1日
3、参謀本部	1941年10月

た。一九三九年三月に中野区囲町《かこいちょう》に移転した防諜研究所は同年五月、軍令で「後方勤務要員養成所」になり、さらに一九四〇年八月、陸軍中野学校令で「陸軍中野学校」に名称変更した。

入学者としてどのような人材が求められたか

同一環境下で長期にわたって集団行動をすると、同一の志向が埋め込まれ、人間は職業的にワンパターン化し、社会の変化に対応する柔軟性がなくなりがちである。軍隊生活はその最たるもので、軍内部では民間人を「地方人」と蔑む偏狭さが強かった。職業軍人は、広く他の職種の人々と交流しようとする社会的な姿勢や柔軟性に欠ける。長年浸透した軍人臭は消し難いため、工作者として正体を隠しきれない。ちょっとした風体や所作でその人物が日本の軍人であることが見破られる。

秋草自身は参謀本部に入るまでの関東軍時代、ソ連や欧州でほとんど軍服を着ないで対ソインテリジェンス工作で実績を挙げていたので、私服で工作にあたる自由人的偽装の効率の高さを認識していたまれな人物であった。彼は天保銭組でなかったために、エリート特有の独善的パーソナリティに染まらなかった。大使館武官室に出入りする機会あるいは権力を得なかったことも、外国の市井の環境に自ら入り込んで自分の見識を高め、視野を広げていた。

秋草は中野学校の教育内容について、あらゆる試練に耐えうる卒業生を考えた。かれらが長期に一人で秘密工作を行うことを想定した。ソ連やイギリス植民地に見られるように、外国人を厳しく警戒する国に正体を隠して長期間潜伏し、秘密工作を遂行することは決してたやすくはない。偽騙、偽装のどこかに隙を見せれば、ただちに身に危険を呼び込む。母国との音信ができなくなる恐れもある。家族に安否さえ伝えられない。こうした危険、孤独に耐えうる人物を多数、永続的に養成できるかどうかが学校の将来にかかわってくると認識した。

秋草は、職業軍人の幅の狭さが秘密工作員として、スパイとしての日本や世界における活動の障壁となることを認識していた。そのため、創立時の入学者として予備士官学校や幹部候補学校出の人材を求めたのであるが、それは創立者としてユニークで優れていた点の一つである。おそらく秋草の所見に岩畔が同意したのであろう。

岩畔によれば六百人が応募したという。[15]三十倍の競争率だ。先の秋草文書では一期卒業生十八名は大卒三名、専門学校卒十一名、中卒四名という構成である（一人退校、八十七頁表参照）。

3　裏方・福本亀治の地味な貢献

情報部門の軽視と創立期の苦心

そうはいってもすんなりと学校は創設されなかった。創立までこぎつけた点で、また創立後の幾多の苦難、危機を克服した点において、陸士二十九期の福本亀治の役割を無視できない。福本は岩畔、秋草に並ぶ中野学校の創立者であり、学校運営面で最大の功労者であった。三人共に当時中佐であった。

福本は二・二六事件を処理した東京憲兵隊の特高課長であったが、事件の発生を予防できなかった責任をとらされ、閑職についていた。その時期に「山」創設に協力するよう兵務局から声がかかった。

学校創立まもなく軍事課長となった岩畔、一九四〇年三月に神戸事件（後述）で後方勤務要員養成所所長を引責辞職した秋草に比べ、福本は長く幹事として学校を支えた苦労人であった。戦後は戦争末期に赴任した中国での捕虜虐待の責任を取らされ巣鴨に長く収監されていた。彼は釈放後、長期にソ連に抑留されて帰国した中野出を舞鶴に迎えた。彼は三人の中で最も長く中野学

福本亀治（写真提供・雑誌「丸」）

校に所属し、多くの卒業生に慕われた。実質的には最大の功労者といって過言でなかろう。

福本が一九五五年にまとめた「陸軍中野学校　其の一」は「岩畔秘密戦」に並ぶ中野学校史の秀作である。中野学校やその卒業生に深い愛情を抱いていたことがわかる。

福本は戦後嘆いている。まず参謀本部では第二部の情報部門が第一部の作戦部門（三十六頁図参照）に比べ、極端に軽視されていたという。

旧日本軍はその作戦要務令（旧陣中要務令）において戦時情報及び戦場情報の重要性を強調していたにも拘らず、その情報勤務並びに情報勤務者に対する態度は極めて冷淡、消極的の傾向にあった。従来対外情報は主として各国駐在武官並びに参謀本部第二部の専任としてその他の関与は殆ど認容せられない実情にあった。しかしながら各国とも防諜勤務の至厳化に伴い対外情報勤務は益々困難になるようになった。[16]

さらに参謀本部では中野学校創立に関し、ロシア課を除いて全部が反対したという。[17] 結局、

「防諜研究所」「後方勤務要員養成所」の開設はロシア課が担うことになった。当時のロシア課の課長は川俣雄人大佐、参謀が山本敏中佐であった。ともに戦時の中野学校の校長となったのは偶然ではない。ちなみに同課の幕僚には秋草が所長時代、兼任でついていた。秋草、岩畔はともに満州勤務の経験があった。福本によれば、要員養成は急を要し、中野の校舎完成を待てないので、やむなく九段下の愛国婦人会本部の狭い集会所を一年間の期限付きで借用することとなった。

4　中野学校の名称の変遷と設立場所

公文書に登場する「防諜研究所」とは？

二〇〇七年に筆者は、国立公文書館アジア歴史資料センターで「後方勤務要員養成所」や「陸軍中野学校」というキーワードで中野学校創立期に関係する公文書数十点の資料を発掘した。当時はまだ中野学校研究を始めたばかりだったので、それらの資料的な価値が判断できなかった。中野OBの関係者に二〇一一年に見せたところ驚かれた。図書館や書店にある中野関係の既刊書を見て、公文書が全く使われていないことを確認した。二〇一二年に早稲田大学の20世紀メディア研究会で公表すると、さまざまの反響があった。それから筆者自身、中野学校研究に本格的に取り組むようになった。

十年前に見つけた公文書の核心部分である「後方勤務要員養成所乙種長期第一期学生教育終了ノ件報告[18]」は秋草の所長名で一年間の養成所運営の目標、成果を総合的、客観的に記述しているのでこれを筆者は「秋草文書」と呼ぶ。この文書の冒頭に、昭和十三年四月十一日の「防諜研究所新設に関する命令」に基づき、七月十七日教育を開始したとある。また秋草辞任後に数カ月所長を務めた上田昌雄文書[19]には「当養成所ハ昭和十三年三月防諜研究所トシテ陸軍省兵務局内ニ新設同年七月ヨリ特種勤務要員ノ教育ヲ開始シタルカ昭和十四年五月十一日軍令第十三号並大臣決裁ニ基キ後方勤務要員養成所ニ改編」と記されている。いずれも後方勤務要員養成所長が時の陸軍大臣に出した公文書である。

夜食支給要請文[20]にもこの文章が掲げられている。本部（たとえば上田所長から東条英機陸相への公文書）や他機関への要請文などにも、最初の三行ほどはまくら言葉のように「防諜研究所」が使用されている。つまり「防諜研究所」の存在が関係者の周知、諒解事項あるいは公用語となっていたことを示す。

卒業生の会である中野校友会が編集し発行した『陸軍中野学校[21]』（以上以下「校史」）には、「防諜研究所」なる名前は出て来ない。誕生名は後方勤務要員養成所であったとだけ記されている。陸軍中野学校の前身が一九三八年三月か四月に「防諜研究所」という呼び名で誕生したことはたしかである。[22]

ついでに言えば、上田が二代目所長であることを公文書で確認した。これも「防諜研究所」とともに「校史」にはない新事実で、中野関連書に修正を迫るものである。

「後方勤務要員養成所」を経て「陸軍中野学校」へ

先の上田文書では、中野への校舎移転直後の「昭和十四年五月十一日軍令陸乙第十三号」並「大臣決裁」に基づき、「防諜研究所」を廃止し、「後方勤務要員養成所」を新設したとある。

軍令陸乙第十三号

第一条　陸軍省所轄諸部ニ於テ各兵科部将校及下士官ヲ召集シ後方勤務要員ニ必要ナル教育ヲ行フコトヲ得

第二条　後方勤務要員教育ノ為当分ノ内陸軍兵器本廠ニ職員ヲ臨時増置スルコトヲ得

第三条　本令実施ニ関スル細部ノ事項ハ陸軍大臣参謀総長協議決定ス

附則

本令ハ昭和十四年五月十五日ヨリ之ヲ施行ス[23]

それまでの公文書では前述のように「防諜研究所」が使われていた。「後方勤務要員養成」という文字も一部の資料にはあったが、「所」は使われていなかった。この「上田文書」でもって、

「所」という一文字が追加されだした。

各種公文書を時系列で点検すると、この「大臣決裁」の出た即日から「後方勤務要員養成所」のみという文字が新登場する。同時に「防諜研究所」はぷっつりと消え「後方勤務要員養成所」のみが使われるようになった。この名称の動きで見えるのは、軍令などに記された変更は陸軍省や参謀本部といった大きな官僚機構の中では厳しく統御され、文書の記載に逐次正確に反映されていたことである。

しかし「後方勤務要員養成所」という名称使用も一年三カ月しか続かなかった。校舎は九段下から一年後中野電信隊跡の旧兵舎に仮移転した。

「校史」[24]では一九四〇年八月に、「後方勤務要員養成所」が軍令を得て、「陸軍中野学校」という名称となったと記載されている。ただしこの変更を指示した軍令の全文を記載した公文書は見当たらない。

この短期間での二度の名称変更はこの学校の秘密性を守ろうとする陸軍の姿勢の表れであった。「防諜研究所」という名前が「校史」や関係者の証言には出てこないのはなぜだろう。「防諜研究所」という名称を陸軍省兵務局内で使いだしたが、その名称では秘密機関としての印象を内外に広める懸念があると上層部では考えた。さらに防諜だけを教育する学校ではない。諜報、宣伝、謀略、植民地統治（宣撫工作）を幅広く教える学校の名前としても不適切である。そのままにしていれば陸軍省の他の部局のみならず、参謀本部など他の部署でもいずれ使われるだろう。するとマスコミ、国民さらには世界に広がるのも時間の問題である。そこで陸軍省内で「後方勤務要員養成所」という新しい名称が決定された[25]。

この決定が公文書に現われ、部局内外で使いだしたが、その名前でも敵後方工作、後方攪乱といった秘密活動との連想が強い。地名ないし駅名をつけた平凡な固有名詞の「陸軍中野学校」ならば、秘密戦教育機関と世間や外国から注視されることはなかろうとの判断に落ち着いたようである。同様に地名をつけた陸軍習志野学校が、化学戦や毒ガス兵器運用をカモフラージュするのと同じである。

学校の設立場所

秋草文書には「応急的施設トシテ在九段下愛国婦人会本部付属建物一棟ヲ借受ケテ諸準備ヲ進メタルカ、同年（昭和十三年、引用者）七月十七日第一期学生十九名入所シタルヲ以テ取敢ス同所ニ於テ教育ヲ開始セリ」とある。先に触れたように、応急校舎として九段下の集会所から始まったのである。

一期生井崎喜代太は入学時の校舎の模様をなつかしく回顧する。

　最初の梁山伯は今は焼けて様子が変ったが九段の軍人会館の南隣りの古色蒼然とした愛国婦人会の建物の一隅にあった。陸軍省分室という木札が申訳的にブラ下っていた。（中略）

ガランとした教室が一つに事務室が小使室を入れて三つかそこら、われわれの寝室が二室。いうなれば寺子屋という風情であったろう。正式の名は後方勤務要員養成所とか。

しかし、やって来られる教官にはさすがに偉材といわれる人達が多かった。まず何よりも立派な人であり、親身になって教えてやろう。鍛えてやろうという熱情に溢れた人たちであった。それだけに教官と学生が気合がかかって論争になり、時としてケンカをすることもあった。[26]

5 秘密戦学校には金がかかる——予算請求書類分析

旅費

一九四〇年十月に「陸軍中野学校設立ニ伴フ所要経費ノ件」が大臣官房に出された。[27]冒頭今回の大戦でのドイツの大勝利は特殊な教育研究がもたらしたものであるから、一刻も早く中野学校の研究を推進せねばならない。そのための陸軍の各種学校とは違う当校の「経理運用上特異」な諸点が説明された。

まず秘密保持上、試験書類の郵送は危険である。選考学生が在学している学校に試験の趣旨をよく理解している試験委員を直接派遣し、口頭試験を実施するのがよい。本土だけでなく満州の

昭和14年、仮校舎だった愛国婦人会本部裏にて。左から丸崎義男、牧澤義夫、阿部直義（いずれも第一期生。写真は生前牧澤氏より供与）

中野校舎での剣術訓練のようす（写真提供・雑誌「丸」）

予備士官学校や教導学校に派遣するとなると、旅費が多額となる。そういうわけで選考試験出張旅費計上が必須となる。

研究費

秘密戦の研究資料の収集費用や謀略研究費が不可欠とされる。これに関連して、一九三九年十一月に秋草所長は次のような謀略資料要求を畑俊六陸軍大臣に出していた(28)。

学生入所直後の謀略（諜報、宣伝）資材の調査研究の初度経費　六百二十五円
謀略（諜報、宣伝）実施研究継続費　二百円（月額）

多額の学生演習見学旅費の請求書が出されている（後出）。

給与

教育内容の防諜性と特殊性からみて、職員の永続性を図るとともに、特殊技術を持つ嘱託を定員外で確保せねばならない。それには高い給与が必要である。給与を良くして多忙な専門家や遠隔地から教官を呼びよせる。特殊技術嘱託職員の長期確保、特殊防諜施設の新設費、多忙な学外講師を聴講するための学外施設の場所代やそこへ通う学生交通費なども要った。学生係の職員を

雇う経費の請求も出された。
秘密学校の特別選考のため、他の機関の者に事務や運営を任せるわけにはいかない。事務員、試験官などの国内各校、満州への派遣費はばかにならなかった。

被服費

学生は入学時に今まで着ていた軍服を兵務局に預け、学内外で私服の着用を命じられた。そのための黒紺の既製の背広、外套が公費で賄われた。靴、手袋も学校が購入した[29]。一見して軍人というのはスパイ失格だから、一般人風の自然な背広姿でなければならない。学生全員に軍服を脱がせ、背広を支給する必要があった。一九四〇年度では背広、外套各百五十着や夏服二百着などを用意した。

夜食料

教育の特質上、将校以外は校内で居住し、昼夜を問わず勉強している。食費の他短期間に多くの学科を習得させるための夜間勉強部屋の光熱費や夜食代もかかる。とくに夜食料を継続支給するようにとの要請がなされた[30]。
これらの予算請求[31]の欄外には「特殊経費ハ機密費ヨリ支出スルヲ可トセン」との上司の許可が

大きく記されている。陸軍省管轄下に入った中野学校への改称時には、何事につけ大臣機密費による大盤振る舞いがなされるようになったことが分かる。

6　徹底した秘密管理

学校生活の秘密細則

入所後の所属部隊から学生への郵便は軍事調査部気付と指示したにもかかわらず、養成所あてに送付されるのは〝遺憾〟と秋草が一九三九年に警告文を出している[32]。秘密戦機関としての特異な点を一九四〇年七月の文書でも指摘している[33]。

学校当局は創立から終戦による廃校まで、常に学校の存在を隠そうと気を配った。以下は鈴木勇雄「陸軍中野学校　其の二」（本校の防諜）の要約である[34]。

一、本校の存在、校名、経費等は、法規上の処置で部内も関係者以外へは知らせなかった。学校の表札は「陸軍通信研究所」であり、部内では軍事調査部または東部三十三部隊を使用した。

二、本校職員、学生は参謀本部附で、中野学校名は使用しない。
三、学生は一部を除いて校内起居で、軍服は特別の場合以外使用しない。
四、職員学生の面会・手紙・連絡等は直接学校宛にすることは禁止せられ、すべて参謀本部内軍事調査部宛とした。
五、兼任教官は来校の際は軍服以外を着用して出入した。御用商人等の出入も同様。
六、「バッヂ」は職員学生の識別のため用いたが、校外では使わなかった。

隣接の憲兵学校エリートから正体を隠す

先述のとおり、一九四〇年に校名にある中野（現在のＪＲ中野駅北側）に校舎を移転した。そこは陸軍憲兵学校と隣接していた。憲兵学校出身者の各種回想から隣の学校の正体を知っていたとする記述は見当たらない。建物が隣り合わせで、しかも陸軍の監視を主務とする憲兵隊の幹部学校の多数の在学生、卒業生の眼をくらませたのは魔訶不思議である。

しかし完全な秘密確保は難しかったことが分かる。ある学生が戦争末期に校門周辺を歩いたときの体験談である。

東隣りの憲兵学校の職員や学生も、なんとはなしに感づいていた様子で、当方が私服姿でいるのを狙って路上で呼びとめ、時節をわきまえぬ柔弱な軟派とばかり気合いを入れられてシボラれたりした。[35]

戦後公安調査庁の幹部となった中野学校卒業生牟田照雄（3乙）はこう回顧する。

学校本部玄関の表札は「陸軍通信研究所」であり、「中野学校学生」であることを外部の人に口外することは許されなかった。隣に中野陸軍憲兵学校があったが、同校卒業の元憲兵達でさえ、隣の建物が陸軍の諜報員養成機関とは気づかなかった。私が役所の人事異動で福岡に転勤したとき、出迎えた二人の憲兵学校出身の課長補佐に、「先輩よく来られましたね」と挨拶されたのには驚いた。不思議に思って話を聞くと、二人とも中野憲兵学校出身の元憲兵下士官で、戦後巷間で話題にのぼる「中野学校」とは自分らの事を指すと思いこんでいたという。[36]

陸軍経理学校も隣にあった！

中野学校のキャンパスの隣には中野憲兵学校以外にも陸軍経理学校中野分教所があったことを最近知った。その校舎の写真もある。[37]

そこに通っていた山本甚一「中野分教所のこと」[38]によれば、現在の中野サンプラザと中野区役所の南側、中央線の北側の間に所在したらしい。中野学校とはなんの交渉もなかったという。

中野学校、憲兵学校、そして経理学校の位置関係が判明しないが、少なくとも三つの陸軍関係学校が混在したことは、中野学校の存在を隠すのに好都合であったことはたしかである。

どこかでばったり知人に会ったらどうするか

柴田知勝（乙Ⅱ長）は一九四〇年十二月に中野学校に入学し、一九四一年七月に卒業した。入ったとき、なるべく周囲との接触を少なくするよう学校から言われていたので、心ならずも交際範囲を極度に縮小した。しかし積極的にこちらから接触をとらなくても、偶発的に人に顔を見られ、声をかけられそうになる場合もある。次はその一例である。

中野学校時代の或る日、名古屋の三菱重工へ工場見学に行ったことが有った。その時或る現場の説明に当った新進の課長の顔を見て私は驚いた。大阪の浪速高時代の同級生の井原君と言って、一度その自宅にまで遊びに行ったこともある友人であった。説明役を勤める彼も、同じ制服（紺の背広）に身を固めた同年輩の青年三十数名のグループが、一体何者であるか知る由もなかった。陸軍省からの特別な依頼に依って、工場長と総務部長など、二、三名の者だけが、我々が陸軍の将校であることを知っているだけで、その他の工場関係者には極秘にされていたからであった。（中略）私達は任務の性質上、各部門に亘る全国の有名工場を数多く見学し、列車や車の中から見ただけで、その工場の種類や生産能力等を大凡そ推察する能力を身に着ける必要があった。此の三菱重工でのハプニング以来、私は見学旅行の時に友人知己に遭遇する

かも知れないことを知って、一層慎重に行動したが、幸にして卒業するまで此んな事は二度と起らなかった。(39)

7 時局の変化と組織の変化

一九四四年の組織

さて軍部では、終戦時に中野学校に関連するすべての文書は焼却されたといわれている。しかし参謀本部学校資料のなかで、中野学校の組織と規模を示す焼け残った資料がある。大変貴重なものである。

この一覧表（次頁）によれば、一九四四年後半において、雇用人は一五七人（男六一％、女三九％）であった。タイピスト人員増加が目立った。軍部ではタイピストは筆生とか打字手と呼ばれていた。タイピストには女性が多かったため雇用人の女性の割合も高くなっている。そのタイピストの一人大和静子(40)が石神井施設の学校風景を放送でこう語ったという。

中野学校の前身は昭和十三年に九段に設立された後方勤務要員養成所で、翌年中野に移転し、

参謀総長隷下部隊現況一覧表（昭和19年）
出所：アジア歴史資料センター C15120098600

東部第三十三部隊
任務　学生ニ秘密戦ニ必要ナル学術ヲ修得セシムルト共ニ、後方勤務ニ関スル学術ノ調査及研究ヲ行フ
機構　本部（幹事1、副官2、附2、主計2、軍医1）
　教育部　教10、（研究部との連携なし）
　研究部　主事4、部員若干　（研究論文、紀要なし）
　学生隊　長1、副官1、附9
　実験隊　長1、副官1、附8
　二俣分教所　将校6、下士官7
　現在員　将校62、高文18、准士官4、下士官57、判任文官12、
　　計160
　　雇用人　157（男61%、女39%）

十五年に陸軍中野学校と改称されました。大和さんは、タイピストとして中野に勤務し、先生が書いた原稿をタイプし、印刷に回してテキストを作る仕事をしていたそうです。軍関係の仕事なので食糧には困らなかったそうですが、東京大空襲で幡ヶ谷の実家が丸焼けになってしまったとか。学校は、空襲が激しくなった昭和二十年春に本体が群馬県富岡町に移転。大和さんは、後にできた石神井分校で終戦を迎え、資料の焼却などをやったとか。ご主人とは、隊長の斡旋で結ばれ、中野学校の生徒さんだったそうです[41]。

同じ参謀本部隷下の陸軍大学校の将校から判任文官は九十六人、雇用人は二百三十二人である。同校に遜色のないほどに中野学校の組織規模が拡充されていることが分かる。

各戦線で武器、飛行機、軍艦が不足する中で、正規戦を行う戦力の増強が不可能となってきた。最後は人力に依存した遊撃戦への期待が高まった。それをリードするには専門将校を増やさねばならない。その将校にはインテリジェンス的センスが必要であろう。そこで中野学校への期待が高まった。

一九四四年春、中野学校分校設立の議が定まり、その候補地として福島県車馬補充部庁舎跡も候補に挙がったが、結局静岡県二俣演習場廠舎を選定した。当時そこは第三師団演習場廠舎（工兵隊）として使用されていたが、賀陽宮師団長及び鈴木参謀長の協力により第三師団において中野学校分校として改造されたものである。[42]

一九四四年の小澤文書では「陸軍中野学校二俣分教所」[43]、「陸軍二俣幹部教育隊」と書いてある。[44]戦後の文書では「二俣幹部教育隊」と呼ばれていた。『俣一戦史』では一九四四年八月開設、九月一日開校「二俣分校（陸軍二俣幹部教育隊）」[45]とある。二俣「分校」という記述は公文書には見当たらない。ゲリラ指導者としてははかなく散る将校ではなく、「遊撃戦幹部教育隊」として育成しようという中野学校当局の自負がうかがえるネーミングである。

二俣では最初は三カ月、終わりは二カ月の短期教育を実施した。学徒出陣の予備士官学生が入学して、遊撃戦（ゲリラ戦）の集中訓練を受けた。その数はわずか一年間で六百名を超えた。終戦から二十九年後にフィリピンのルバング島から帰還した小野田寛郎が一期生だったので、その存在が知られるようになった。

昭和20年当時の二俣分校校舎

中野学校が移転した群馬県富岡中学校（上下とも、写真提供・雑誌「丸」）

公文書に見る創立期の陸軍中野学校の組織(出所:アジア歴史資料センター)

1938(昭和13)年

3月　防諜研究所として陸軍省兵務局内に新設(C04122317800)

4月11日　新設(C01004653900)

7月　特種勤務要員の教育を開始(C04122317800)

7月17日　第1期学生入所(C01004653900)

1939(昭和14)年

3月31日　旧中野電信隊旧兵舎に仮移転、新庁舎並びに講堂改築(C01004653900)

5月1日　現在地に移転(C01004653900)

5月11日　軍令陸乙第十三号並びに大臣決裁で防諜研究所を廃止、後方勤務要員養成所に改編(C04122317800)(C01004653900)

1940(昭和15)年

8月1日　軍令陸乙第二十二号(7月10日)で陸軍中野学校に改編(C04122317800)

公文書に見る陸軍中野学校指導者(出所:アジア歴史資料センター)

秋草俊　後方勤務要員養成所長　1938年8月—1940年3月22日
〈陸軍大佐〉　(C01002470900)

上田昌雄　後方勤務要員養成所長　1940年5月2日—1940年7月29日
〈陸軍大佐〉

北島卓美　東部第33部隊長　1940年8月6日—1941年6月9日
〈陸軍少将〉　(C01004862000)

＊「陸軍中野学校長」としての公文書記載は1941年6月9日の一回きりで、それ以前の公文書では「東部第33部隊長」としか記されていない。

田中隆吉　陸軍中野学校長　1941年6月28日—1942年4月1日
〈兵務局長兼任〉〈陸軍少将〉

＊田中の就任、在任、退任の公文書は皆無である。

川俣雄人　東部第33部隊長　1942年4月1日—1945年3月19日
陸軍中野学校長〈陸軍少将〉　(C010049555)

山本敏　陸軍中野学校長　1945年3月19日—1945年8月15日
〈陸軍少将〉

富岡、石神井疎開

連合軍の都市部への空襲が激しくなると、それを避けるために一九四五年四月、中野の校舎から群馬県の富岡町に中野の全施設、教職員が移転した。ここでは中野本校の継続的な教育がなされた。二俣分校ほどではなかったが、連合軍の本土上陸に備えた遊撃戦教育に傾斜した。

「スパイ部隊はいらぬ、それより本土決戦に備え、ゲリラ部隊を養成しようということで、全国の軍管区から百五十人の将校と、五百人の下士官を集めてゲリラ訓練」がなされた(46)。

また、石神井の日本銀行寮を接収し、対空一号無線機を設置して各班との送受信に当たることになり、交信方法、暗号書、乱数表を規定したという(47)。

「中野学校の秘密機関である離島作戦特攻隊本部というのが、東京・練馬の石神井におかれていた。大きな池の裏手にある豪壮な邸宅を接収……いまの石神井公園の三宝寺池(48)」

終戦時の中野学校

中野本校は戦災を免れた。本部スタッフはほぼ全員、また重要書類も富岡校に移動していた。本校はもぬけの空の状態であった。二、三日前に終戦を知った富岡のスタッフが他の陸軍機関に先駆けて書類の焼却を手早く実行した。

第二章 文献
（1）塚本誠『或る情報将校の記録』非売品、一九七一年、一九三頁
（2）杉田一次『情報なき戦争指導』原書房、一九八七年、一八一頁
（3）岩畔豪雄「準備されていた秘密戦」『週刊読売』臨時増刊号 日本の秘密戦、一九五六年十二月八日号。これを以下「岩畔秘密戦」とする。
（4）「中野学校卒業後、服務の概要」『陸軍中野学校丙種第二期生の記録』「丙二期生の記録」編集委員会、一九八九年
（5）木村洋「ヤマ機関の通史」『Intelligence』十七号、20世紀メディア研究所、二〇一七年
（6）前掲「岩畔秘密戦」
（7）岩畔豪雄『昭和陸軍謀略秘史』日本経済新聞出版社、二〇一五年、一三七頁。以下『謀略秘史』
（8）「あの日あの頃」『中野校友会々誌』二十七号、一九八四年十月一日
（9）C01004653900
（10）大谷敬二郎『憲兵秘録』原書房、一九六八年、一二四、一二九頁
（11）C04121036600
（12）C07042211600
（13）C01004565200
（14）前掲岩畔『謀略秘史』
（15）前掲岩畔『謀略秘史』
（16）福本亀治「陸軍中野学校 其の一」一九五六年。この論文は鈴木勇雄「陸軍中野学校 其の二」と対になっている。ともに防衛省防衛研究所所蔵、中央・軍隊教育諸学校十三
（17）福本亀治「回想録 日本に於ける秘密演機構の創設」中野校友会、一九八一年、一一頁
（18）C01004653900、全文前掲『Intelligence』十七号「陸軍中野学校重要公文書」所収
（19）C04122321400

（20）C04122317800
（21）中野校友会編刊『陸軍中野学校』非売品、一九七八年。以下「校史」
（22）秦郁彦編『日本陸海軍総合事典（第2版）』東京大学出版会、二〇〇五年刊、七六一頁。この事典の記述を使った唯一の文献は木下健蔵『消された秘密戦研究所』（信濃毎日新聞社、一九九四年）の第五章第三節「陸軍登戸研究所と陸軍中野学校」である。
（23）C04121036600
（24）校史三八頁
（25）C01004653900
（26）前掲「あの日あの頃」
（27）C01004808500
（28）C01004610700
（29）C01004822500
（30）C04122317800
（31）C01004808500
（32）C01004842000
（33）C01004808500
（34）（16）参照。防衛省防衛研究所所蔵、一九五六年一月十二日
（35）田代吉弘「陸軍中野学校の教育」『前橋陸軍予備士官学校戦記』戦記編纂委員会編、相馬原会、一九八〇年、五一三頁。田代吉弘は6丙。
（36）牟田照雄「陸軍中野学校の考察」『Intelligence』十五号、20世紀メディア研究所、二〇一五年、一〇四頁
（37）『陸軍経理学校五十年史第1冊』（十五年戦争極秘資料集）補巻37、不二出版、二〇一一年所収
（38）若松会編刊『陸軍経理部よもやま話』一九八二年、四五一頁

(39) 柴田知勝『私の軍隊物語　或る自動車兵の手記』一九八二年、二〇三―二〇四頁
(40) 校史三三頁に「近沢（現大和）静子　タイピスト　一九四〇―四五年勤務」として掲載。
(41) タイピスト余話、調布ＦＭ局、二〇一二年二月七日放送の一部。調布ＦＭ「調布わくわくステーション」番組ホームページより
(42) 福本亀治前掲論文
(43) 俣一戦史刊行委員会編『俣一戦史――陸軍中野学校二俣分校第一期生の記録』俣一会、一九八一年、五五一頁所収の「分校時の参考資料――小澤幸夫氏提供資料」より
(44) 前掲『俣一戦史』五五一―五五二頁
(45) 前掲『俣一戦史』一九頁
(46) 読売新聞社編刊『昭和史の天皇　8』一九六八年、一三六頁所収の越村勝治の証言
(47) 今井紹雄『中野学校第六期丙種学生――ある中尉の回想』緑平会、一九七六年、五四頁
(48) 前掲『昭和史の天皇　8』九八頁所収の日下部一郎の証言

第三章
中野学校ではだれが何を学んだか

前章で見たように、岩畔豪雄、秋草俊などの創立した秘密工作員養成の学校は、当初は防諜研究所といわれ、後方勤務要員養成所に名称変更され、さらに地名をとった陸軍中野学校となった。二年半で二度の改称である。厳重な秘密管理を敷かれた軍内部でもさらに一段と高度な秘密組織で、校門に学校名は掲げられず、陸軍通信研究所とか東部第三十三部隊と書かれていた。

その学校の組織は戦局の拡大とともに当初の海外特殊偵察のための少数精鋭の情報将校養成から前線の特務機関勤務のインテリジェンス将校の大量養成機関に変質し、最後は遊撃戦指導要員の育成へと変質していった。秘密裏に秘密工作員を養成する活動の中で徐々に軍隊内でそれが認知されようとしたときに終戦を迎えた。

その七年余りの間にいかなる教育が実施され、成果を生み出したのであろうか。本章では、中野学校ではどのようなことが教えられたのか、その教育内容を具体的に見ていきたい。

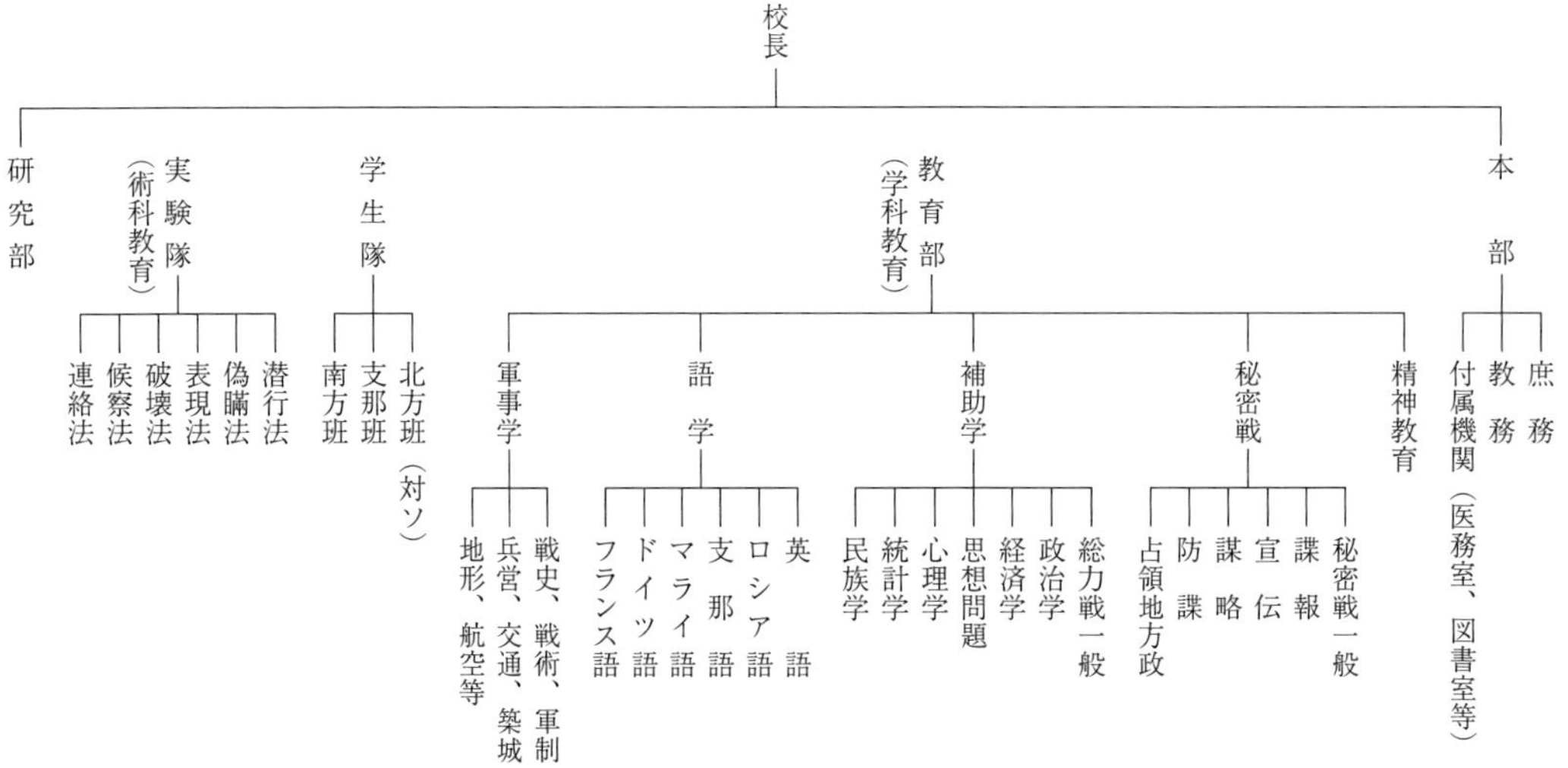

中野学校組織と授業科目（出所：岩畔豪雄「準備されていた秘密戦」）

1　秘密工作員の特異性

「交替しない駐在武官」を育てる

中野学校創設期に秋草や岩畔がカリキュラムを作成する際、海外の先例から学ぼうとしたが、適当なものは見つからなかったようだ。そこで陸軍士官学校や陸軍大学校のそれを参照しつつも、秘密戦の専門学校の特色を独自に出そうとした。

陸軍大学校を出たエリート将校は二、三年で各地の大使館、領事館を転任した。中野学校ではそうした武官や、武官補佐官を支える移動なき定住型武官を養成しようとしていた。彼らに対しては、外地に土着し、骨を埋めることを期待していた。江戸時代の御庭番のように、敵地に偽装して潜入し、敵のインテリジェンスをスペシャリストとして入手する長期の極秘活動に耐えられる人材を期待したのだから、物欲、名誉欲を捨て、国家のために献身する秘密工作員としての人格を修練しなければならないとされていた。

前章で挙げた秋草文書では「諜報謀略的人格ノ修練」と題して、その卒業生に対し「軍人トシテノ人格」を固めるだけでなく、「諜報謀略ノ現地勤務特ニ独立勤務」に耐えられる人格を形成することを期待している。つまり同校で専属的に教育活動に従事した伊藤貞利に言わせれば、「中野教育の第一の主眼は交替しない外国の駐在武官」を養成することであった。(1)

卒業生手記に見る中野の教育風景

戦後出版された中野卒業生による手記から、当時の教育風景が垣間見える。

一期生の日下部《くさかべ》一郎の手記によれば、全寮制の生活で朝食を共にしたあと武道場での柔道、剣道、合気道の練習があり、その後教室での学科があったという。黒板を前に木の机、椅子の並ぶ一般的な教室風景で、一つの教室に十八名が学んだ。

講義は、秋草所長、福本亀治主任、伊藤佐又訓育主任の三人を主力に、陸大の教官や参謀本部の参謀たちが、何れも私服に着替えてやって来てそれぞれの専門科目を分担して行なった。

講義もまた型破りであった。教科書がない。教材がない。もちろん、一貫した教育方針や指導基準があるわけではなかった。講義は、各教官の思いどおりに、自由な形で行なわれた。(2)

一期生井崎喜代太の回想には、在学中「やめたい」と申し出る学生がいたことにも触れている。将来担うであろう任務を教え込まれるにしたがい、当事者学生の戸惑いが増していった様子がうかがえる。そうした意思表示に、学校側も最初は説得を試みるが、どうしても気持ちの変わらない者には退校を認めたという。一方で、在校中の訓練や学習によって責任感や自覚が生まれる場合もあったようである。

井崎喜代太（一期） 世界各地へ散らばって、いつ日本へ帰ってくるか分らず、二十年、三十年の仕事をしようということになれば覚悟がいる。現に私だって、諜報とか謀略とかには性格上向かないから、やめたいというようなことを秋草所長に申し出たことがありますよ。（中略）しかし、お前たちは日本のために必要なんだと言われて、だんだんやる気になってくる。十八名ですから、世界地図をひろげても各国一人ずつは行きわたりませんよ。そうすると、変な自負も出てくる。(3)

二期生の原田統吉の手記には、通常の軍人とは違う一面を自覚させられる印象深い場面もあった。

ある日、駐在武官の任期をおえて、ある国から帰任したばかりの教官がこういった。
「諸君は、どのような手柄を立てても、感状も勲章も貰うことはない。靖国神社に祀られることさえ望めない、ということだ。覚悟はしていても情けないと思うこともあろう。しかしお国のためである、立派な生き方だ！」と。(4)

秋草語録「独立勤務ノタメノ自己修練」

卒業生に期待される秘密戦、つまりインテリジェンスの最前線においては、秘匿や偽騙を必須条件としているため、単独行が基本であった。組織的な団結を前提とした一般的な武力戦とは対照的である。そこでは、上官による監督や命令は存在しない場合が多く、自らの判断のみによって困難な任務も遂行しなければならない。一般武力戦にはない試練があったものとみられる(5)。

前出の秋草文書の中には、独立勤務のための自己修練を促す指導育成方針として、次の項目が掲げられている(6)。

イ　所謂真ノ意味ニ於ケル各人自ラノ道場的自己修練

ロ　公的ハ勿論、其ノ私生活ノ一挙手一投足ノ微ニ表ハルル心境ヲ捕捉シテ行フ学生ノ自己鍛練ノ指導

ハ　将来ノ任務遂行ニ応スル如ク私生活ノ環境ノ整理乃至施設

ニ　「生キタル」自己修練ノ資料ノ供給

秋草は自身のロシア、欧州、満州などでの長期にわたる「隠密」工作の経験から、卒業生の厳しい工作員ライフを予想し、学内での講義、教練だけでなく、内外での演習で現場感覚と精神力

を生徒個々人に鍛錬させることをねらっていた。じっくりとインテリジェンスの教養と「諜報謀略的人格」を身に付けさせ、一人前の「情報勤務者」を育成する意図が学校創立時の上記の文書や卒業生の証言に表れている。

おまえたちのこれから進んで行く道は、まっくらなのだ。いや道さえもないというべきだろう。日本中だれ一人として、日本の秘密戦をどうしたらいいのかわかっているものはいない。俺をふくめてだ。

専門家として、スペシャリストとして、それを拓くのがおまえたちだ。おまえたちだけしかいないのだ。まっくらだ、道はない。茨のジャングルを手探りで進む。血も流れよう、おとし穴にも落ちるだろう。迷いもおころう（中略）

戦野で闘うものにはそれなりのつらさがある。しかしともかく彼らには、〝かくすべし〟という、依るべき道はある。この世界にはまだそれがない。拓くのはおまえたちだ、おまえたちだけなのだ。[7]

小野田寛郎によれば「どんな生き恥をさらしてもいいから、できる限り生きのびて、ゲリラ戦をつづけろ（中略）二俣では、捕虜になってもかまわないと教えた」という。[8] 捕虜に対する考え方にも、一般軍人に叩き込まれた方針とは大きな違いがあった。

緒方義行（8丙）　予備士官学校では、国のため、陛下のために死ねと教えられた。（中略）ところが、中野学校に入ったら、死んじゃいけないっていうんですよ。片手、片足、片目になってもいいから、帰ってきて報告せいっていう。おれにははたしてそれができるだろうか。自分はそれだけ強い精神力を持ち得るかどうか。これが悩みでした。[9]

各国に潜伏して活動する秘密工作員の特異性とは、こういうことだったのであろう。

2　学生の募集、選考過程

秘密裏の予備士官学校への募集

それではこうした学生たちは、どのように集められ、どのように選考されたのであろうか。

岩畔らは陸軍予備士官学校に送る書類作成を、兵務局の香川義雄大尉に作成するよう命じた。極秘の機関なので、当然公募することはできない。兵務局長名での候補者推薦依頼である。香川自らあるいは連絡者を東京から派遣して説明することも行った。

岩畔は香川大尉に「何のことか分からぬが何か大切なことがあるらしい」という軍機すれすれの趣旨の中野学校説明の起案を命じた。香川は岩畔らにさんざん直された文書を持って受験生のいる各予備士官学校をまわり説明を行ったが、こんどは各校から「後方勤務要員」とは何か、「それによって選考の方針もちがってくる」と問い詰められる。許された範囲の苦しい説明で回答するしかなかった[10]。秘密工作員の教育内容や卒業後の任務を説明するのには、各校、各部隊の担当者の側もさらに軍機上の配慮を重ねさせられた。

推薦は拒否できたか

秋草らは学生に推薦を辞退する権利があることを認めていた。海外での長い秘密活動における苦労とくに生命の危険性や路傍の死を考慮して、学生側にも自由選択の余地を残したのである。しかし軍隊では珍しい命令拒否権の学生への周知、理解工作はなかなか徹底しなかった。募集される側の学校関係者が十分な説明、納得が得られない状態で推薦作業に入らざるを得なかったことが混乱のもとであった。

第一期の推薦者は本人の意思を聞かずに上司の命令で決められたようである。東京外国語学校英語科出身の越巻勝治は「お前は英語が出来るのだから試験を受けろ」といわれた[11]。

小平田清造（丙2）は下士官候補として松戸工兵学校に在学中、中隊長に呼ばれ、秘密戦の例を挙げて、このような仕事に就く意思があるか、「もし従軍することになれば、親子の縁は勿論

戸籍も抜かれる」と聞かされた。結局承諾し、一九四〇年十一月二十五日入校した。(12)

入学に際しての秋草らの配慮は徹底されたようで、初期の頃から推薦を拒否する者がいたこともわかっている。成合正治（乙Ⅱ短）によれば、「もしいやだったら、いやと言え」と言われ、何人か実際に、その場から帰った者もいたとのことだ。(13)

秘密戦要員養成機関とか特務機関派遣将校養成所として認識するものが兵隊の中で増えていたことはたしかであるが、そこへの推薦を峻拒《しゅんきょ》する者は珍しかった。とはいえ中野の正体はむろん、その名も知らない者のほうが大多数であった。

開戦後強まる大勢に従う志向?

学校当局の秘密管理が奏功し、中野の正体は陸軍全体に知られなかった。

一九四二年の春、斎藤次郎（４丙）によれば東京の軍人会館に来た者の唯一の共通点は、軍隊に入る前の出身学校は、全員が「東京帝大を始め、早稲田、慶応、法政、拓殖等の各大学、又は東京外語や広島文理其の他各地の高工、高商等の専門学校の出身」であったが、「一人として何の為に此処に来たのか判っている者は無かった」(14)

開戦後も学校側は推薦の際、学生の権利を一応伝えていたが、学生側に拒否の姿勢が弱まったようである。

厳しい戦局の推移が学生の自主的行動を束縛した。学徒出陣に見られるように、自主的な選択の権利を行使したくても貫けない雰囲気が強まっていた。

緒方義行（8丙）一九四四年、「久留米の予備士官学校に入りましたが、教育中に、区隊長から、同じ区隊の緒方と木村の二人が呼ばれました。特殊勤務要員としてきみたち二人は候補に上がっている、行くかどうかというのです。特殊勤務要員というのは何をするのか分からないが、宣伝だとか、宣撫だとか、そういうことをやるものだと思いました。どうせ軍隊に入った以上死ぬんだし、好きなことをやって死ねるんならそれが一番いいと思って、私は即座に「行きます」と答えましたが、木村君は断わったのです[15]」

牛窪晃（9丙）一九四四年、「学校（引用者注・東部軍教育隊）へ入りまして、軍曹になった一月か二月ごろ、教育隊の中隊長がちょっと来いという。中隊長は、「貴様は非常に責任感があるようにおれは思う。したがって、お前は普通の兵科の将校になるよりも、特殊勤務の仕事を担当するのにふさわしいのではないか」と言う。特殊勤務とはいったいどんな勤務だかよく分からないが、中隊長のご推薦ならば、そうさせていただきますと答えました[16]」

受験者の学力

推薦段階では学科試験はなかったようである。ただ彼らは予備士官学校へ入学する際、かなり厳しい試験をパスしていた。もともと成績抜群の者が推薦されているので、改めてペーパー試験実施の必要は感じられなかった。もちろん予備士官学校での成績は推薦に活用されたようだ。

「予備士官学校或は教導学校においてトップクラスの成績優秀者が選抜されており、教育総監賞を持った十番以内のものが半数を占めた期もあった」という[17]。

このように下士官養成の教導学校の学生は成績優秀者が目立っていた。いかにも成績優秀な顔つきの丙種学生に予備士官学校出の乙種学生は中野キャンパス内で劣等感を味わったとの証言もある。

大曽根武之助（丙2）　教導学校はだいたい一つの部隊が八百名、多いときは一千名もいた。そういう中で、「中野」に来たのは成績が全部百番以内なんですね。五十番以下は「中野」へ来た者では、成績の悪いやつなんです。総監賞を持った十番以内というのが半分いましたね。／それともう一つ、私は男五人の六人兄弟の末っ子でした。来てみてびっくりしたのは、八人兄弟の何番目だとか、十人兄弟だとか、兄弟が多くて、どこで死んでも差し支えない人間が多かった[18]。

心配なのは推薦・選考過程での機密漏洩

後述の神戸事件の事後処理に追われながらまとめた秋草俊の残した最後の文書として、一九四〇年四月十二日付けの第三期生の試験の総括がある[19]。そこでは、推薦・選考過程での機密漏洩の問題点をまとめている。

学生を推薦する予備士官学校や教導学校の当局が、中野学校を秘密学校と認識する度合いは低かったようである。職員の「防諜思想比較的幼稚」で東京から送った職員と打ち合わせ事項が守られていないこと、推薦候補者の手続きの過程で必要以外のことを暴露している点が気がかりだ、としている。たとえば兵務局長から発送した秘密書類をそのまま複写して校内に頒布したり、中隊候補生全員を集合させて希望の有無を聞いた学校があった。さらにひどいのは、志望の有無についてその家庭や縁故者に照会した所もあった。これでは軍隊外でも中野学校の秘密が漏洩してしまうとの心配がつきない。

現場の隊長などが、隊員の希望を聞いて説明し、前向きの意向を示す者には相談に乗るが、任務の内容については具体的に説明してはならなかった。特務機関への派遣とか特定地域への配置といった具体的説明も好ましくなかった。ともかく時間をかけて隊員自身に自ら判断させるのが最適である、とされた。本部の考えでは、上記文書で秋草の懸念するとおり、他の隊員や家族にまで相談するのは、機密漏洩の恐れが多いので好ましくなかったのである。

一期生選考

学生選考のための試験委員として、岩畔の回想が残っている。試験問題は、軍事問題から常識問題にわたる広範なものであった。口頭試問の際の質問は意表をついて受験者を困惑させたという。

「黒地の紙に墨で字が書いてあるが、どのようにすれば判読できるか」

「野原に大小便のあとが残されている、それは男のものかあるいは女のものか」

「妙齢の婦人が歩いている、これと話をするキッカケは?」

などという珍問に受験者が戸惑っていた姿があった。


こうした難関試験を突破して選ばれた要員は十九名で、これが中野学校第1期生となる。「中野学校の伝統精神をつくり上げたパイオニアたち」であり、性格上からいっても、能力上からいっても、申し分のない秘密戦要員の適格者ばかりを選ぶことができたようで、学力はほとんど高等専門学校または大学卒業者程度であった[20]。

受験生の側からはどうであったか。前出の一期生・井崎喜代太の回想では、学生主任の伊藤佐又が待合室に座っており、雑談しながら、それとなく人物テストをされたという。口頭試験場の二階に上がると、陸軍省や参謀本部の数人が試験官として列席していた。当時は天皇機関説が盛んに論議されており、そういう国体論や、国際情勢に関する質問、「謀略とは何ぞや」という質問もされた。「お前いま下から上に上ってくるときに、エレベーターで上がったろう。何か気がついたことはないか」というメンタルテストのような問いもあり、「(全員)入口に向かって乗っていました」と気が付いたことを答えたという。スパイ候補を選抜する意図が見え隠れしている[21]。

上／昭和十四年当時、九段下にて一期生井崎喜代太（左）と牧澤義夫
下／昭和十七年八月、南米などの公館に派遣されていた牧澤（左から三人目）ら一期生たちは、日米開戦に伴い帰国した。牧澤より右三人目に、教職の福本亀治も写っている
（上下写真とも、生前牧澤氏より供与）

結果から見た選考基準

6丙学生だった今井紹雄の回想によれば、選ばれた者の特徴として、「長男以外のもの」「生活に困らない」「家系のしっかりしているもの（係累にトラブルのない家庭）」「語学の素養のあるもの」「予備士官学校の成績の良いもの」「過去において何かの形で秘密戦活動に従事したもの」「剣道、柔道、空手等の有段者」と観察できた[22]。

受けるのは自由、辞めるのも自由か

先に推薦を辞退することは可能だったと述べたが、入学後の辞退、つまり自主的な退学は許されていたのであろうか。上からの命令に従順に従うことが軍隊維持の基盤である。ところが筆者は一期生の牧澤義夫から一名の辞退者の存在を確認した[23]。

しかし先に秋草の方針を挙げたように、創設期の幹部たちは、外地での長期滞在忍者の苦労を認識しており、基本方針としては「自由志願制、強制力なし」を掲げていたという発言もあった。

軍隊では基本的に採用、移動の自由な選択が許されなかった。すべての機関、部隊において命令を受忍することが義務であったことを考えると、中野創設期の基本方針は極めて特異なものであったといえるだろう。一期生で、入学後辞めた者がいたことは、複数の同期生が語っている。

前出の井崎喜代太によれば、一期生は、航空を除いて歩兵、騎兵、砲兵、工兵、輜重と全兵科が

第１期卒業者名簿（出所：アジア歴史資料センター C01004653900）

特種勤務要員卒業者名簿　昭和十四年七月三十一日

	学歴	階級	氏名
専校卒	（日本体育専門学校）	歩少尉	杉本美義
専校卒	（日本武徳会専門学校）	同	丸崎義男
専校卒	（熊本高工探鉱冶金科）	同	山本政義
専校卒	（山口高等商業学校）	同	牧澤義夫
中等校卒	（鹿児島中学校）	同	新穂　智
大学卒	（立正大学文学部）	同	阿部直義
専校卒	（東京外国語学校英語科）	同	越巻勝治
専校卒	（布哇英語学校、東洋外語学校）	同	渡部辰伊
中等校卒	（会津中学校）	同	猪俣甚弥
中等校卒	（本庄中学校）	騎少尉	須賀通夫
専校卒	（国学院高等師範部）	同	井崎喜代太
大学卒	（慶応大学理財科）	同	宮川正之
専校卒	（慶大高等部）	同	亀山六蔵
専校卒	（陸士中退、奉天中央訓練所）	砲少尉	真井一郎
大学卒	（九州帝大法文学部）	同	岡本道雄
専校卒	（宮崎高等農林学校）	同	境　勇
専校卒	（日本大学専門部法科）	輜少尉	久保田一郎
中等校卒	（神港商業学校）	同	扇　貞雄

（以上十八名）

揃っていたが、工兵の一名が、二カ月ぐらいするとどうしても辞めたいと言い出した。学校側も説得を図ったが、意思は変わらず、説得を諦め、退校を認めた。兵科の出身を見ると、いろいろな兵種から集めて様子をみたようだ。秋草自身から、大学や高専など学校での専攻もなるべく多方面に亘るよう考慮したと聞いたとも語っている[24]。

その後の年代でも辞退者が続出した[25]。「秘密要員」養成のための独特な教育や雰囲気は、すぐに溶け込めるようなものではなかった。ここでお前はこういう勤務をするのだと言われ、「自分には出来ない」と悩み、耐えきれず辞めていった者がいた。学校側もそれを認めていた。原田統吉（乙Ⅰ長）は「私の同期生で途中で去って行ったものは二名」と証言している[26]。

3 入学後の教育課程

入学前の学歴差と卒業時の実力差

「後方勤務要員養成所乙種長期第一期学生教育終了ノ件報告[27]」にはこう記してある。

一期生の選考は初めてだったので、関係方面は大変気を使ったが、長期乙学生として一年以上の在学期間を想定していた。理系出身者は技術教育において、文系出身者は一般筆記作業等にお

陸軍中野学校　期別学生数・在学期間

<table>
<tr><th>募集対象＊1</th><th colspan="3">期別</th><th>学生数</th><th>在学期間</th></tr>
<tr><td rowspan="7">①</td><td colspan="3">1甲</td><td>5</td><td>1940年9月―11月</td></tr>
<tr><td colspan="3">2甲</td><td>13</td><td>1941年2月―5月</td></tr>
<tr><td colspan="3">1乙</td><td>27</td><td>1942年6月―1943年9月</td></tr>
<tr><td colspan="3">2乙</td><td>30</td><td>1943年3月―1944年3月</td></tr>
<tr><td colspan="3">3乙</td><td>28</td><td>1944年1月―9月</td></tr>
<tr><td colspan="3">4乙</td><td>26</td><td>1944年6月―1945年3月</td></tr>
<tr><td colspan="3">5乙</td><td>21</td><td>1945年1月―1945年7月</td></tr>
<tr><td rowspan="13">②</td><td colspan="3">一期</td><td>18</td><td>1938年7月―1939年7月</td></tr>
<tr><td rowspan="2">乙Ⅰ</td><td>長</td><td>40</td><td rowspan="2">107</td><td rowspan="2">1939年12月―1940年10月</td></tr>
<tr><td>短</td><td>67</td></tr>
<tr><td rowspan="2">乙Ⅱ</td><td>長</td><td>31</td><td rowspan="2">136</td><td rowspan="2">1940年12月―1941年7月</td></tr>
<tr><td>短</td><td>105</td></tr>
<tr><td colspan="3">3丙</td><td>73</td><td>1941年9月―1942年11月</td></tr>
<tr><td colspan="3">4丙</td><td>24</td><td>1942年6月―1943年9月</td></tr>
<tr><td colspan="3">5丙</td><td>34</td><td>1943年2月―1944年3月</td></tr>
<tr><td colspan="3">6丙</td><td>83</td><td>1944年1月―9月</td></tr>
<tr><td colspan="3">7丙</td><td>42</td><td>1944年8月―1945年4月</td></tr>
<tr><td colspan="3">8丙</td><td>143</td><td>1945年1月―7月</td></tr>
<tr><td colspan="3">9丙</td><td>74</td><td>1945年5月―8月</td></tr>
<tr><td colspan="3">10丙</td><td>84</td><td>1945年8月</td></tr>
<tr><td rowspan="8">③</td><td colspan="3">丙1</td><td>51</td><td>1939年12月―1940年10月</td></tr>
<tr><td colspan="3">丙2</td><td>77</td><td>1940年12月―1941年7月</td></tr>
<tr><td colspan="3">3戊</td><td>69</td><td>1941年9月―1942年2月</td></tr>
<tr><td colspan="3">4戊</td><td>77</td><td>1942年4月―1943年4月</td></tr>
<tr><td colspan="3">5戊</td><td>78</td><td>1943年5月―1944年2月</td></tr>
<tr><td colspan="3">6戊</td><td>106</td><td>1944年3月―11月</td></tr>
<tr><td colspan="3">7戊</td><td>111</td><td>1944年12月―1945年7月</td></tr>
<tr><td colspan="3">8戊</td><td>20</td><td>1945年8月</td></tr>
<tr><td>②</td><td colspan="3">情報</td><td>89</td><td>1943年1月―3月</td></tr>
<tr><td rowspan="2">④</td><td colspan="3">遊撃（1）</td><td rowspan="2">55</td><td>1943年9月―11月</td></tr>
<tr><td colspan="3">遊撃（2）</td><td>1944年1月―4月</td></tr>
<tr><td>⑤</td><td colspan="3">泉部隊</td><td>2</td><td>1945年6月―8月</td></tr>
<tr><td rowspan="4">②</td><td colspan="3">俣1</td><td>221</td><td>1944年9月―11月</td></tr>
<tr><td colspan="3">俣2</td><td>201</td><td>1945年1月―3月</td></tr>
<tr><td colspan="3">俣3</td><td>147</td><td>1945年5月―7月</td></tr>
<tr><td colspan="3">俣4</td><td>40</td><td>1945年8月</td></tr>
<tr><td></td><td colspan="3">不明</td><td>5</td><td></td></tr>
<tr><td></td><td colspan="3">合計</td><td>2317</td><td></td></tr>
</table>

前掲校史、「中野校友会名簿　昭和59年4月現在　全国版」及び「中野校友会名簿補正表　昭和61年12月現在　全国版」による。学生数は上記補正表の人員表をもとにするが、重複者を除くなど修正している。また、アジア歴史資料センターの資料との相違（乙Ⅱ長41名、乙Ⅱ短１００名、C01004847500）や校史との相違（俣3約２４０名）、さらに一期生の中退者1名が除かれる一方で、4乙で中野学校中退後、陸軍大学校に入った1名が含まれるなど、実際の学生数と異なる可能性がある。

＊1
①陸軍士官学校卒業の将校学生／②陸軍予備士官学校卒業の将校学生／③陸軍教導学校及び特科下士官候補者隊出身の下士官学生／④各部隊から臨時派遣された将校下士官で構成、前掲校史では②（丙種学生）の範疇とする／⑤各部隊の6丙、7丙、8丙及び俣1出身者から選抜

いてそれぞれ特徴を現しているが「一般に文科系統出身者は本教育の内容並びに目的に鑑み理科的智識の不備を痛感」とある。カリキュラムには、外国兵器、外国築城、気象学、航空学、細菌学、無線電信機取扱法、心理学、犯罪手口、自動車実習、通信実習、航空実習、爆破実習、法医学などもあったから、理科系の方がスパイには向いているのかもしれない。

中卒の者は専門学校以上の出身者に比べ、「稍過重の観ありたるも爾来不断の努力研鑽により概ね追随し得るに至れり。但し其成績は一名を除き良好ならず」とある。年齢的にも異なる同級生が机を並べていた。

入所直後には三浦半島へ水泳演習を実施し、秋草自らが引率している。満州への実習旅行と水泳演習は、万難を排して実施する必要ありと報告されている。

長期学生と短期学生の区別の意図

年を重ねるごとに学生の種類は増えるし、相互の区別も煩雑になって行く。戦況の推移もカリキュラムや選択に反映させねばならない。早速、第二期にあたる乙Ⅰの選考が教育期間と教育内容で区別されることになった。乙Ⅰ長期学生は諜報を二年間じっくり学ぶ海外御庭番の養成をねらい、長期に海外に移住し、偽装してインテリジェンス活動を行うことを使命とされていた。また日本軍支配地で宣撫、行政活動を行う任務を課せられた。したがって幅広い教養を要求されていた。これに対し半分の一年間で学ぶ短期学生は前線の特務機関に配置されて、実践的なインテリジェンス任務につく将校と想定されていた。

二期の乙の学生の中で短期に入ってから途中で一部の者が長期に変更された。これは時間と金のかかる長期学生を面接試験だけで選択する危険を少なくし、短期学生の優秀者から選抜し、二段階選抜で質の向上を図ったためであろう。

しかし戦局の逼迫と経費の節減から長期学生の教育期間を短期学生と同じ一年間と半減させる荒療治を急遽実施した。学生に課す授業科目は減らさなかったので、長期コースの学生は「教育期間の短縮を補うために日曜、祝祭日返上で夜間も授業が行われ、陸軍中野学校の内部にも苛烈な明け暮れが始っていた(28)」

一見、不可解な学生間の交流禁止

さらに不可解なことがあった。山本嘉彦は一九三九年十二月に乙I短の学生となった。彼は三人称で入学間もない時期の奇妙な体験を語っている。

中野学校の日課は午前は講義で、午後は実科であった。山本は午前中の講義が終わると、軍服に着換えて、各自勝手に自動車学校へ通学していた。(中略)

山本が自動車学校の帰路、中野駅近くの喫茶店に立寄ったところ、そこに山口源等の背広姿を見付けた。山口とは歩兵学校時代の同期生で、共に中野学校を受験した仲間である。歩兵学校から受験したのは（中略）六名であったが、いざ入校してみると山口の顔が揃わない。「奴さん落ちたな！」と五人で囁き合っていた矢先のことであったから、彼の背広姿に山本は何のためらいもなく召集解除になったのだと推察していた。

（中略）

山本のグループ（注・乙Ⅰ短）と別個のグループ（注・乙Ⅰ長）がこの中野学校にあることが判明したのは彼との会話が相当進んでからであった。

（山本は頭をめぐらせた。）二期学生の入所式が行われた時、進行係の将校は確か総員百十名といっていたが、二期学生は現在七十名である。残り四十名が雲隠れした勘定である。山口はこの雲隠れ組に入っていたのである。彼は二期長期学生として、今日も飛行機操縦の教習を終えての（中野への）帰路であった。（中略）

学生の教育内容からみると、（山口たち「雲隠れ組」は）一期生の教育を受け継いで、世界各国に永住勤務して諜報活動するのはこの長期学生で、（これに対し、）総軍司令部付として表面に出て情報活動するのが山本の所属する二期（の短期）学生であるらしい。長期学生は徹底した諜報謀略専門の教育を受けていたから、その行動は潜行的であった。同じ中野学校の校舎に起居しながら、彼らとは隔絶されていて、文通、交際は一切禁止されていたから、このグループに誰がいるか判らない。彼らは常時偽名で行動していたから、予備士官学校当時の本名と、中野学校の偽名とが結び付かないことも、判別出来ない原因になっていた。（山本は）山口とはその後一度も逢う機会がなく、戦後になって、昭和四十二年五月二十日、京都の黄檗山でF（注・藤原）機関の英霊追悼の法要があった折、ようやく再会出来た。[29]

学生の学内での自由な移動は禁止されていた。同期内での交流は自由であったが、無制限ではなかった。ましてや創立期や前半期では、学年間（先輩、後輩間）の交流はなかった。学校当局は学生時代の横の交流が、後述する神戸事件のような不適切な集団行動を起こすことを懸念した。卒業後は参謀本部や前線の派遣軍、特務機関が各人を上から管理するシステムであった。ＯＢとの連携がインテリジェンスの機密を殺ぐおそれもあった。

後半期で中野キャンパスでの先輩の宿泊、前線司令部（情報関係）での接触、人事異動のなかで同窓意識が萌芽したが、まもない終戦、敗戦がその芽を摘んだ。ともかく個人プレーの職務の精錬と学生への中央管理をめざす当局の意図が、一見不可解な交流禁止を生んでいた。

偽名、戸籍抹殺はない

桑原嶽（2乙）は陸士を出た後、一九四三年三月、中野学校に入学し、一年間を過ごしている。軍歴でも、学歴でも中野を客観的に見られる立場にいた。彼は一九八五年に講演で「中野学校」について語っている。その際、国籍抹消、偽名についてのよくある質問にかなり明快に答えている。

「よく中野学校卒業生は国籍をなくして、戸籍を抹消されるなどとみなさんもよく聞いていると思うのですが、私の感じでは、全くウソだと思うのです。逆に中野学校の丙種学生の見習士官は任官と同時に全部現役になっています。そして現役並みに進級もどんどんしています。ですから、当初の一期生、二期生は、全部少佐にまでなっています」

「軍の外の新聞社とか商社に勤務している人は、その時は、全部偽名を使ってました。そういうように便宜上偽名を使ったりはしていますが、戸籍を抹殺してなくしてしまうなどということは単なる話なのではないかと思います。実際は、反対でみんな現役将校になっているのだという事です[30]」

4　時局とともに変質した教育内容

秋草中佐を選考委員長として陸軍省参謀本部の一部課員をもって選考委員を編成した。しかし当時軍部内には情報要員の教育に関する教材として整備せられたものは皆無に等しかった。

福本亀治によれば、各国におけるこの種の教育に関する参考資料も少なかった。そのため創立者たちは日清、日露を中心とした戦役における情報勤務の歴史的記述を蒐集した。そして各国の視察やロシア専門家の協力によりようやく教育内容を整備するとともに、教材その他の謄写を作製した。教官は、ごく少数の専任者の外、陸軍省や参謀本部より兼務することとした[31]。

多様なカリキュラムで複数のコースの学生向けに同時並行して授業がなされていた。学校後半期の資料が決定的に不足しているため、細かい運営の模様はつかめない。たとえば期別、種別で同一科目、同一時期の合併授業を大教室で行っていたのか、合同演習を行っていたかどうかさえ分からない。学生交流を極度に制限している関係で、合併授業は原則禁止されていたのかもしれない。とくに下士官教育の証言がない。士官教育に比し、彼らに実科の講義が多かったとあるが、それはどの程度であったか。

ともかく雑多な資料から推移を概観したい。

創設期の教育方針

第一期の秋草文書の総括によれば、教育期間を前期六カ月、後期五カ月に分け、前期は「主トシテ防諜、諜報、宣伝、謀略ノ業務上必要ナル人格ノ鍛錬及右ニ応スル基礎的学術科ノ修得」にあてた。ここでは秘密事項の少ない基礎学科に重点をおいているという。ところが後期は「前期教育ニ於ケル基礎学ト連携シ右諸業務ノ核心タルヘキ諸課目及実務ニ対スル応用的研究」つまり軍事学（情報勤務、謀略勤務、宣伝勤務、防諜勤務）、防諜技術、細菌学（戦）、犯罪手口などを教えようとした。情報勤務六十二時間四十分、謀略勤務五十四時間三十分、宣伝勤務三十八時間四十分、防諜勤務三十一時間五十分と後期にこの学校の基幹科目に多くの時間が割かれている（九十八、九十九頁表参照）。しかし創設期で実務演習は場所の確保が難しかったため、「講堂」（室内）での講義に傾斜したことを秋草自身が反省している。

語学は重視されていた。英語二百四十九時間二十分、ロシア語二百二十四時間三十分、中国語百九十時間五十分となっている。まずは必要度に応じた順当な配分である。ところが「外国事情及兵要地誌」では中国三十六時間、ロシア三十四時間五十分であるのに対し、英国十二時間十分、米国七時間四十分である。この一九三八年時点では、前線が緊張している対中、対ソのインテリジェンスが重視され、英米がきわめて軽視されていることが配分時間数で如実に示されている。

さらにこの秋草文書には、語学教育は一層強化徹底を期する要ありとして「蘇、支、獨、佛」つまりロシア語、中国語、ドイツ語、フランス語だけでなく、スペイン語、トルコ語、「南洋語」（マレー語、インドネシア語など）の増設の検討がなされていた。

外部からのめぼしい科目では忍術があり、一九四〇年には用具一式を購入したとの記録が残っている。[32] 甲賀流忍術第十四世を名乗る藤田西湖（一八九九―一九六五）は忍術を中野学校で教えたと証言している。[33] 山田耕筰も教員として出入りし、作曲ではなく、フランス事情の特別講義を担当していた。[34]

創設期は学校の施設が貧弱で、実科といっても室内のものに傾かざるを得なかった。それを補うのが創立者の理想に燃えた教養主義的理想の学科であった。秋草たち創立者は教養豊かな秘密工作員養成を目指し、外交官、武官に負けない知性を、中野学生に植え付けようとしていた。時間の経過につれ、陸軍全体でこの学校を支援しようとする姿勢が貫かれていた。参謀本部十六人の講師をはじめ、陸軍省、陸軍大学校などの若手将校が総動員された感がする。多忙の中での出講も驚くべきことで、休講はまれであった。彼ら講師のタネ本は分からないが、とにかく教材はお手製であった。校外への見学、演習も多かった。

卒業者による授業の回想

一期生は寺子屋のようなみすぼらしい環境での師弟の魂をぶつけ合う人間教育の成果を賛美する。じっくりとインテリジェンスの教養と「諜報謀略的人格」を身に付けさせ、立派な「情報勤務者」を育成する意図を学校創設時に掲げていた(35)。

二期生からは中野の新校舎で授業が行われた。中野学校の日常の課業は、午前八時から始まる。テキストは全部教官が自分で書き下ろしたものの活字謄写のプリントであり、一連番号が打ってある。もちろん一つの科目が終われば教科書は返納し、手許に残ることはない。ノートをとることは自由であるが、それは自己の理解を助ける整理のためであって、保存のためではない。むしろノートをとることは、いささか軽蔑に価することであった。話を聞く、質問をする、その一刻一刻が勝負なのである。実地の勤務でノートやメモに頼ることは、致命的な災の原因となること

科外	特別講座	服務	29	27	38 時 20	34 時 20
		気象学	13	12	16 時 30	16 時 20
		航空学	12	8	16 時 40	11 時 10
		細菌学	7	6	8 時 30	7 時 00
		薬物学	5	1	5 時 00	1 時 00
		細菌戦	5	2	5 時 00	2 時 00
		海軍軍事学	3	2	3 時 00	2 時 00
			7	7	7 時 00	8 時 00
		交通学	8	8	10 時 40	10 時 40
		無線電信機取扱法 拡声器取扱法	0	2	—	2 時 00
		心理学	10	7	15 時 40	11 時 10
		統計学	8	8	12 時 00	12 時 00
		犯罪手口	18	18	21 時 00	21 時 00
	実習	自動車実習	26	26	104 時 00	104 時 00
		通信実習	29	29	116 時 00	116 時 00
		航空実習	7 日	7 日	43 時 10	43 時 10
		爆破実習	8 日	8 日	47 時 30	47 時 30
		講堂実習	6 日	6 日	—	—
		現地実習（水泳演習）	10 日	10 日	—	—
		現地実習（満州旅行）	27 日	27 日	—	—
	講話	忍術	1	3	1 時 20	8 時 00
		法医学	2	2	2 時 50	2 時 50
		講話	0	1	—	1 時 30
		〃	0	1	—	1 時 30
		〃	0	2	—	5 時 00
		〃	0	2	—	3 時 10
		〃	0	1	—	1 時 30
		〃	3	4	4 時 50	5 時 00
		〃	0	1	—	2 時 30
		〃	0	1	—	3 時 30
		〃	2	2	5 時 20	5 時 20
		〃	0	1	—	1 時 30
		〃	0	1	—	1 時 20
		〃	0	1	—	2 時 20
		〃	0	3	—	4 時 00
小計			188	194	484 時 20	495 時 20
			58 日	58 日		
		自習	1	104	1 時 00	136 時 40
		其他（座談等）	0	4	—	11 時 50
合計			1361	1290	2089 時 10	2017 時 00
			58 日	58 日		

本表は 1938 年後半（前期）から 1939 年前半（後期）の第一期生向けのもので、前期、後期を集計して表示したものである。その際、原資料の「後方勤務要員養成所乙種長期第一期学生教育終了ノ件報告」(C01004847500) を整理、修正した。前期、後期それぞれの科目一覧表は本書では割愛した（割愛分は山本武利編「陸軍中野学校重要公文書」『Intelligence』17 号を参照されたい）。なお「校史」34 頁から 36 頁に収録の教育科目、教官の一覧は第一期のものではない。

昭和13年度第一次学生前期(前・後期)教育予定実施表(C01004653900)

科別	種別	課目		教育回数		教育時間	
				予定	実施	予定	実施
学科	軍事学	戦争学		8	8	10時20	10時20
				3	3	4時30	4時30
		外国事情及兵要地誌	英国	11	10	16時10	12時10
			米国	9	7	11時40	7時40
			独国	10	8	13時30	10時50
			仏伊国	11	11	14時40	14時40
			蘇国	18	16	24時00	21時20
			蘇国(兵要地誌)	12	10	16時20	13時50
			支那国	14	14	18時40	18時40
			支那国(兵要地誌)	16	13	21時20	17時20
			南洋	13	10	11時20	11時20
			蒙古	0	1	—	1時20
		外国兵器		11	8	13時20	10時00
				9	8	12時10	9時50
				6	7	7時20	8時20
		外国築城		8	7	10時40	9時20
				2	2	2時40	2時40
		情報勤務		52	47	59時20	62時40
		謀略勤務		53	41	70時50	54時30
		宣伝勤務	{	6	6	8時00	8時00
				25	23	30時20	30時40
		防諜勤務		25	22	34時30	31時30
	政治学	国体学		14	14	18時40	18時40
	経済及び社会学	経済謀略		33	19	44時30	24時00
		経済政策		11	6	11時20	6時20
		思想労働問題		23	21	26時30	25時40
	外国語学	蘇語	{	33	32	49時30	48時00
				145	126	202時40	176時30
		英語		188	176	252時10	249時20
		支那語	{	157	125	224時10	177時30
				21	10	28時00	13時20
小計				947	809	1269時10	1110時50
術科	武術	剣術		46	39	80時10	60時00
		柔道		33	22	48時20	35時10
	実務	防諜補助手段		36	17	48時10	25時20
		防諜補助手段		26	23	41時20	35時40
		防諜技術		28	26	35時30	34時50
		暗号		31	24	44時00	34時40
		写真技術		25	28	37時10	36時50
小計				225	179	334時40	262時30

さえある。
教官側から授業内容の理解度の試験を行うことはなかった。緊迫化する「諸外国の秘密戦」に打ち勝つには、聞いた知識や理論から直ちに次なる対応を頭でまとめる必要がある。「教科書や、講義は、半ばそれをのりこえ、批判されるべきものとして、われわれの前にあった」[36]
一九三九年末入学の二期生平館勝治（乙Ⅰ長）は、卒業後ビルマ工作を行い、参謀本部第二部第八課四班を経て、終戦時には陸軍省軍事調査部にいた。平館は中野の講義テキストについて重要な証言をしている。

「諜報宣伝勤務指針」という軍事極秘書類がありました。第八課で私が保管担当していました。（中略）確かに八課で指針を読まれたと思われる人は矢部（忠太）中佐とその後任の浅田三郎中佐です。矢部中佐は中野学校で我々に謀略について講義されましたが、この指針の内容とよく似ていました。特に、今でも記憶に残っていることは講義中「査覈」と黒板に書かれ、誰かこれが読めるかと尋ねられましたが、誰も読める者がおりませんでした。私は第八課に勤務するようになってからこの指針を読み、指針の中にこの文字を発見し、矢部中佐のネタはこれだったのかと気付きました。[37]

このテキストは一九二八年に参謀本部が翻訳したタイプ版の「諜報宣伝勤務指針」のことであ

る。平館証言はこれを使った創立初期の陸軍中野学校の教育風景を示している。「査覈《さかく》」といった難しい文字を使ったテキストを教師自身が十分に理解しないままに生徒を煙に巻いて得意がっている。当時の一般大学や論壇でのマルクス主義などの講義を彷彿とさせるものである。このような高踏的な講義が秘密戦学校でも創立期では許されていたことが分かる。

開戦後の授業

この時期は神戸事件（後述）などで教師陣に大きな変動はあったが、全体には初期のカリキュラムの枠は維持されていたようである。

八代昭矩（1乙）は一九四二年六月から一年三カ月、中野で過ごした。日本が初戦の戦果で昂揚する時期であった。彼以前の時期は、いわゆる学校というよりも、吉田松陰の松下村塾的な師弟が心を通わせて、何となく一体感を得る場所だった。だんだん制度が整って組織化され、「学校的形態」の始まりがその時期だったという。

講義には、国体学もあった。七生報国の楠木正成の精神を持って進むことを基本として、全体のなかでもとりわけ重視されていた。教官は、五・一五事件のとき陸軍士官学校の本科生で、恩賜（陸士の優等卒業）目前というところで事件に参加して、退校させられた吉原政巳だった。この授業のみ、記念講堂という畳敷きの部屋で教わったという。講堂の壁には、日露戦争のときに敵地深く潜入して、敵に処刑された沖禎介・横川省三両勇士、明石元二郎大将などの写真が掲げられていた。

ほかに一般の軍事学では戦史と戦術が教えられた。戦史は陸大の教官が、戦術は、陸軍大学出の優秀な軍事教官が教鞭をとった。それから一般学では、法制関係、経済関係、宣伝関係、情報関係、陸運・海運の運輸関係、など幅広く教わった。なかでも重視されたのは語学で中国語、ロシア語、英語それからマレー語の四個班に分かれて学んだ。(38)

一九四四年学生回想に見える学内生活

以下の二つの回想は、一九四四年一月から九月に中野に在学した者たちによる。どのような学生生活を送っていたのかが具体的に語られている。

有富勲（6丙）は、予備士官学校を出て、丙種として中野学校に入った。校舎は、今の野方警察署方向にある正門の近くで、当時は憲兵学校と塀一つ隔ててあった。一般の人々からは憲兵隊とか電信隊の本部と思われていたらしい。正門を入ると本部があり、その右手に楠公神社があった。更に自習室、寝室の棟があり、丙種学生の校舎と続いていた。自習室は大体十二人くらい、寝室は六人の定員であった。校庭を隔てて、乙種学生の校舎があり裏門となる。東側には広大な校庭があり憲兵隊と接していた。他に校地内には室内射撃場、実験室、食堂、道場等があり、戊種の学生校舎や実験隊の兵舎もあった。

正門からは学生は軍服以外では出入りできず、背広着用の外出は専ら裏門であった。裏門の出入りの際には専用のナンバー入り「バッヂ」で厳重に管理されていた。

人員は同期の六期生では約八十人、そのうち約半数が南方班、残りの半数は北方班と支那班に分かれていた。

講義内容は午前中が主として学課、午後は術課であったが、一日中学課の日もあった。学課は精神講話、語学その他課報、宣伝等秘密戦に関するものが教えられた。術課には剣道、銃剣術があったが、その他に空手があった。教官は専任教官の他は参謀本部から佐官クラスの参謀が来ることもあった。教材はその多くが「極秘」とか「秘」と打たれ、授業終了後には全部返納するのを常としていた。しかし各人のノートは別で、学生達は任地における「虎ノ巻」として克明にとっていた。

謀略、宣伝といっても、教えられたことはテクニックとしては初歩的なことのみで、それぞれが自分独自の考えから行動をとっていることが多かったようだ。学生各々が一本の筋の通ったものを持っており、その精神的な基盤のもとに任地において融通性のある対応策をとった。一期から五期生までは人員も少なく、充分な時間をかけて専門教育が行われたかもしれないが、六期生以降となると人員が多く、教育期間も短かったので専ら精神面の教育に重点が置かれていたと想像される。

校内の服装は制服である。黒紺の背広に紺色のネクタイで統一されたが、外出の場合は、それぞれ少し派手な背広に着替えた。全部官給品である。

学生たちは少尉に任官と同時に特別志願将校に採用され同日付をもって現役に編入される。通常だと難しい試験や厳しい訓練を経なければならないところを、秘密戦士として散って行く者たちには現役将校としての待遇をすぐ与えたことは、中野学校丙種学生たちに対する陸軍の期待の大きさを推し量ることができる(39)。

一方の関屋博安（3乙）は、陸士を経て中野に入った。同期生には、芯は強いがあたりは柔らかいというような外柔内剛型の性格の者が多く、出身兵科もバラエティに富んでいた。各将校間の隔たりも全くなく、誰もが自分に無いものを他人から学び取ろうとする謙虚さを持っていた。各将校経済関係の学科終了後、疑問が残れば我々主計将校に尋ねる、連絡の術科の後、不明の事があれば通信将校に尋ねる、破壊の事は工兵科将校に聞く、体の調子がおかしいと思えば軍医将校に相談するというような調子で、同期全員が交際の度を深めつつ、悠々和楽の学生生活に終始した。

3乙が受けた教育では、学科といえば占領地行政、経済政策、植民地政策等上品な科目も多かった。しかし諜報、謀略、防諜、宣伝等の学科はかなり生臭いものであり、それらの実行を裏付ける潜入、潜行、獲得、偵察、候察、偽騙、破壊、連絡等の術科となると、悪用した場合には全くの極道、下道に落ち込むことになる。

たとえば獲得法なる術科では、人心獲得と物件獲得の二つについて教育を受け実習する。人心獲得とは、自分に対し心酔させ、心底からの協力者を得ることであり、下世話にいえば女を自分に惚れ抜かせ完全に自分のものにして、諜報の協力を得るようなことである。物件獲得は開錠も、また俗にいう「置き引き」等も有力な手法である。相手が網棚に荷物を置いて座る瞬間に物件を交換してしまうというコツなど、その道のベテランから講義を受け実習してみる。

これ等の手法、手段は民族のため、国家の利益のためだけに使うべきであって、個人的な使用に至らぬよう厳しく教育された。時間をかけて精神教育が徹底され純一、無私、無難な境地への到達が説かれた。中野学校ではこれを「誠の精神」と称し、精神教育の柱となっていた。(40)

敗戦濃厚となった時期

先述のとおり空襲を避けるため中野から群馬県富岡に移転した後の9丙学生について、教育課程の資料が残っている。一九四五年五月七日から教育が開始され、同年八月十五日から二十一日にかけて一週間の京都を中心とする現地戦術をもって終了することになっていた。途中に終戦を迎えたので三カ月に満たない期間の短期集中教育となった。

授業は八時から十七時近くまで、七十分一コマで一日六課程の教育が行われた。9丙全教課の主なる課目と担当教官及び授業時間の大要は次頁の表の通りである。(41)

短期教育課程の詳細な科目、時間数などのほぼ全容が見られる。同時期の二俣分校に比べると創設期、中期にも見られた基本科目「国体学」、特別勤務である「諜略」「宣伝」に時間数をとっている。だが、敗戦濃厚になったこの時期では、「遊撃戦戦術」や「破壊殺傷法」といったゲリラ工作法の実科に多くの時間が割かれている。富岡は秘かに地下建設中の長野県松代の大本営へ

9 丙課程の主なる科目と担当教官及び授業時間の大要
（出所：校史 113 — 114 頁参照）

精神訓話
　訓話　学生隊長
　国体学　吉原教官
　　（副）久保教官
特別勤務
　謀略　山本舜少佐
　宣伝　松村中佐
　諜報　阿部少佐
　防諜　曽田少佐
　　山本（政）少佐
特別勤務
　遊撃戦戦術　川島少佐
　　山本舜少佐
　　主任教官
　戦術　阿部少佐
　現地戦術　坂本中佐
　　外山中佐
補助学
　法規　大沼教官
　政治　大沼教官
　経済　増原教官
　思想　阿部（諒）教官
軍事学
　兵器　柳沢大尉
　交通　塩谷（猛）少佐
　築城　岩野少佐
　地形　学生主任
　航空　足原中佐
　海事　三岡少佐
　毒物　内藤中佐
　心理学　岡村教官
　米国事情　大尾中佐
服務
　経理　斎藤少佐
　衛生　奥村少佐
　一般　学生主任
　潜行偽騙　学生主任
　候察獲得法　学生主任
　連絡法　学生主任
破壊殺傷法
　一般　学生主任
　毀　今井中尉
　焼　学生主任
　綜合演習　校長
　剣術　学生主任
　格闘　学生主任
　射撃　学生主任
　工作法　今井中尉
表現法
　一般　出崎大尉
　写真　西村少尉
　実科終日演習　学生隊長

の中間地点であること、遊撃戦訓練に適当な妙義山など上州の山々に近いことで選ばれたと言われている。

遊撃戦最重視だった二俣教育

前章で述べたように、一九四四年、静岡県磐田郡二俣町に中野学校の分教所を設立した。二俣分校一期生の学生生活は一九四四年九月から十一月までの三カ月間と短かったが、本校を含め期別では最大の二百二十一名の入学者でにぎやかであった。当局では「二俣幹部教育隊」と呼んで、学徒出陣者の目立つ高学歴の多い彼らに予備士官学校卒に近い期待を寄せていた。

一期生田尻善久（俣1）は、休養日に「遊撃戦のテキスト」を筆写していたという(42)。テキストの正しい名称は「挺進奇襲ノ参考」で、昭和十九年七月教育総監部の編纂だった。「私達は皆之に精通して遊撃戦の必勝の信念は益々強固となり、絶対の自信を持つて卒業し夫々の任地に赴いて行つたものである」。終戦前年に設立された分校では、やはり遊撃戦教育が重視されていたことがうかがえる。

次頁の表は九十日間の講義科目を丹念に記載した田尻ノートである。

これによれば、十月七日の「政治思想戦」、十一月十四日の「心理・民族」、十一月十五日「宗教」、十一月十五日は「秘戦」、「宗教」くらいしか中野創立時からの軍事教養学的な科目が見られない。中野売り物の「国体学演習」は六回行われたが、吉原講師は登壇していない。

二保一期生の修業時間割

(出所：田尻善久「修業時間割」『保一戦史』36 ― 38 頁)

9月1日 入隊式
2 精訓・環境整理・身上調査
3 諜 仝 候 予備
4 宣 仝 破 表 仝
5 諜 仝 連 潜 剣
6 宣 仝 連 偽 仝
7 諜 仝 表 破 仝
8 宣 仝 表 獲 剣
9 諜 仝 連 破 仝
10 休養日
11 精 宣 候 仝 剣
12 諜 仝 表 獲 体
13 地 仝 宣 服 剣
14 諜 仝 候 兵 仝
15 戦 仝 防 獲得演習
16 諜 仝 地 潜 教――予防接種 赤痢第1回
17 休養日
18 訓 防 交 戦 仝
19 諜 仝 地 戦 仝
20 兵 仝 仝 防 交
21 諜 仝 兵 戦 仝
22 地 仝 防 服 教――予防接種 赤痢第2回
23 秋季皇霊祭
24 諜 仝 兵 候 仝
25 精 防 兵 交 剣
26 諜 仝 戦 仝 剣
27 精 諜 仝 交 仝――予防接種 ペスト
28 地 仝 防 服 体
29 国 兵 仝 獲 剣
30 見学・工場――――――沢山大尉、関中尉
10月1日 戦 仝 体 休養
2 国 諜 仝 候 仝――予防接種 ペスト第2回
3 諜 仝 交 防 体
4 国 諜 仝 地 剣
5 兵 仝 遊 防 剣
6 諜 仝 交 戦 仝――コレラ 予防接種
7 政治思想戦 服 剣――映画 「マライの虎」
8 遊 交 候 休 養
9 精 兵 遊 交 剣――コレラ2回 予防接種
10 諜 仝 戦 仝 破
11 破壊演習
12 国 諜 仝 地 仝
13 交 仝 兵 仝 体
14 国 諜 仝 遊 仝――三種混合「1回」
15 精 地 遊 教 仝
16 休養日
17 候察演習
18 国 仝 諜 仝 剣
19 表現演習
20 諜 仝 候 戦 仝
21 破壊演習
(10月)22 精 服 遊 獲(演)
23 靖国神社例大祭
24 候察演習
25 諜 仝 服 遊(実)
26 戦 仝 交 兵 剣
27 潜行偽騙演習
破壊演習
28 仝 仝 仝 遊(演)
30 戦 仝 兵 交 仝
31 候察演習
11月1日 遊撃戦演習
2 遊撃戦演習
3 明治節
4 表現演習
5 破壊演習
6 精 秘(戦) 地 仝
7 破壊演習
8 服 地 仝 遊撃戦演習
9 破壊演習
10 服 秘(戦) 地 仝
11 精 秘(戦) 休養
12 破壊演習
13 射撃 統(岡安)
14 心理・民族 秘 秘
(岡村)
15 秘 } 宗教(阿部)
戦 }
16 遊撃戦 総合演習準備
17 } 総合演習
18 }
19 }
20 } 総合演習
21 }
22 総合演習及び講評
23 新嘗祭
24 服 仝 仝 予備
25 国体学演習
26 休養日
27 見学
28 準備
29 卒業式予行
30 卒業式

付記 諜(諜略)、候(候察)、宣(宣伝)、破(破壊)、表(表現)、連(連絡)、潜(潜行、潜在)、剣(剣術)、偽(偽騙)、獲(獲得)、体(体操)、地(地形)、兵(兵器学)、防(防諜)、教(教練)、国(国体学)、訓(訓練)、精(精秘)、服(服務)、戦(戦術)

一方総論的な「謀略」、「諜報」などの科目は随所に登場する。実科は同時期の富岡校よりも盛り沢山で、体系的である。「候察」、「破壊」、「連絡」、「潜入・潜行・潜在」、「偽騙」の五法は全期間まんべんなく配分された講義・演習で徹底的にしごかれ、修得させられている。二俣校の特異性は「破壊」「殺傷」の実演が繰り返しなされていることである。中野本校の実験隊で練られた『国内遊撃戦の参考』や『破壊殺傷教程』がテキストとして活用されていた。まさに遊撃戦専門将校養成所として同校が特化されていたことが分かる。

同じ二俣一期生の小野雅慧（俣1）は「夢中で過した毎日だった。諜報、謀略、宣伝、防諜の専門知識がどん〳〵頭の中に詰め込まれる。講義の時渡される極秘印の教科書も講義が終れば全て取上げられる。学んだことはその場で完全に頭の中に焼き付けなければならない。油汗の流れる思いで必死にたゝき込む」という熱心な学生であった。[43]二俣分校の学生は必死に学んでいたことが分かる。学校側がテキストを回収したのは、秘密のノウハウの流出を防ぐねらいからであった。また秘密工作員が敵につかまった際、漏洩しやすい活字よりも、頭に情報をインプットさせた方が防諜にも不可欠とされたためである。

5　本当に天皇批判は許されたのか

教官と学生が自由に議論

中野学校における教育内容の特徴的なことの一つとして、天皇制についての議論が挙げられる。当時の軍隊内や一般国民に対しても「皇国史観」が絶対であったが、それについての議論が許された、という証言がいくつもある。

中野一期生猪俣甚弥によれば、当時としてはタブーに属した天皇や国体について学生に自由に論議させたという。陸軍の学校内で、教官と学生が天皇や国体について討論するのもしばしばだった。当時としては驚くべき、有り得ない出来事だったが、これが可能だったのが陸軍中野学校だった。卒業生は困難な環境の中で独立任務に就き、孤独な戦いを長期に貫かなければならない。彼らに欠かせない強固な信念を学生自身に創らせるという観点に立てば、お仕着せでも借り着でもない自分自身の国体観を持つこと、自信をもって国を愛し、迷いなく国の捨て石となる覚悟と信念を自得させようとするために、あえて自由に論じさせたのではないか、と猪俣は考察している(44)。

開戦初期に在校していた斎藤次郎（4丙）は、軍の学校でありながら学生の言論や行動が自由放任で、軍政や組織等の批判も、天皇制に対する論議すらも自由に行われていた、と回顧している。同期二十四名の間でそれぞれの主義主張を基に激論を戦わせて夜が更けるのも忘れたり、意見の相違から激してなぐり合いに至ったりすることもあった[45]。

戦争末期に入学した牛窪晃（9丙）は、初年兵から入営した兵隊の教育、将校のための予備士官教育においてスパルタ教育の連続という軍隊歴だったが、「中野に入りましたら、まことに自由な空気でした」という感想を持ったという。当時、民間ではタブーだった日本は降伏すべきか玉砕すべきかといった論議を、教官と学生の間で話し合ったり、学生隊の部屋にはオールウェーブのラジオがありサイパンの謀略放送を毎日聞いたり、参謀本部から二週間に一回、赤裸々な戦況を話しに来るものがいたりする、という異例ぶりであったという[46]。

このように、創立時から末期まで天皇制の是非論議がクラス内では一貫して自由であったことに注目したい。一般の大学のゼミでは許されなかった論議が中野校内では許されたのは、学校当局が国体学などで天皇制支持への教育を日常的に行って、天皇批判の主張が学外に影響を与える危険性がないと判断したせいもあろう。天皇制論議を中野キャンパスという局限した空間で密封できるとの自信があったからこそ議論のための議論、つまり頭の体操であるブレーン・ストーミング、一種の兵棋演習として試行させたのである。

「国体学」を軸にしたカリキュラムの自由運用

天皇制論議と関連するのが、天皇制への信頼を「国体学」という講義で深く浸透させていた教官吉原政巳の存在である。彼は「君民一体」の感情が有史以来日本に不変であったと考えた。吉原は陸士在学中、五・一五事件関係者として裁判で禁固四年となった。出所後二等兵として三年間兵役に就いた。さらに国体学について平泉澄東大教授から学び、研鑽を積んでいた。

マスコミに喧伝されるように「中野学校には、天皇批判の自由があった」というのは、天皇の権威を笠に着て、物言うという悪習がなかったことを、いうのであろう。この様な態度が他国民・異民族に通用するわけがない。われわれは、天皇の「おおやけ（公）」性に没入し、ここに蘇り来る魂の醇厚さをもって、他民族の中に入ってゆくのだ。強盛な私心を離れる難しさを、忠なるまことの道に克服してゆくのだ。これが中野学校の精神の中核であった(47)。

敗戦を迎え、また日本と世界との交流が復活し、アメリカ的民主主義、国民主権が日常化していく中でも、吉原は彼の信念を変えなかった。「君民一体」を日本人が心得ていれば、議論がどのように高まろうとも、世界で自由に活動でき、信頼されるとの信念を堅持していた。いわば真のキリスト教徒やイスラム教徒が創始者への信頼を根底に持ちつつも、それを表に出さないで異教徒を尊重するように、日本人、日本兵も「君民一体」を礎として世界で自由に交流する必要があると説いていた。この「国体学」が柱となっていたからこそ、中野当局はカリキュラムをかなり自由に運用できたのであろう。もちろんそれが中野学校という秘密学校での仲間内の密室論議であったからこそ当局に黙認されていたことも無視できない。

天皇制イデオロギーを世界に向けても抵抗なく浸透させていくという「戦略」のための「戦術」が自由な学内での「天皇論議」の横議、横行であった。

中野で叫ばれた「誠」とは?

国のために、民族のために、己を捨てる無私の精神は、卒業生の中で中野の「誠」として語り継がれているが、むしろ「誠」は創立期には強調されていなかった。吉原の「国体学」でも当初は主要なテーマではなかったが、日米開戦とともに「誠」論議は中野内で盛んになっていったようである。

「誠」は軍人勅諭に収斂された言葉で、「日本人伝統の、基本的心情」が反映したものと吉原はいう。(48) しかし彼自身は「誠」についてそれ以上論じなかった。「誠」では秘密戦が戦えないこと、むしろ矛盾する感情であると認識していたのではなかろうか。

開戦とともに「偽騙」とか「謀略」といったテーマが秘密戦遂行に不可欠であると教場や演習で強調されてきた。それを真摯に実行すれば、戦士の人間性を破壊することになる。「誠」を全面に押し出せば、相手に裏切られ、自身の崩壊につながる。「誠」と勝利との矛盾がかれらの行為を敗北させせかねない。

それ以前にその葛藤がかれらのパーソナリティーを破壊することにつながりかねない。「誠」さえあれば敵も「誠」で対応してくれるだろう。それがあれば日常の秘密戦に対応する「敵」や「仮想敵」の殺人、破壊から生まれる自身の心理的葛藤を和らげる「戦術」として役立つ。だが、「誠」で秘密戦の「戦略」を遂行すれば、敗戦となることは明らかである。冷静になれば、「誠」の論理の貫徹は軍隊や国家を崩壊させる。そう認識されたので、それが戦後振り返られることはなかった。

6　重視された満蒙・国内演習

見学旅費、現地演習費が目立つ文書

教育課程における「現地演習」の重視にも注目したい。秘密戦研究資料の整備、蒐集にかなり多額の予算が計上されていた。一九四〇年の研究隊（教導隊）増設のための敷地接収要請など建物増設の要請書[49]も目立つ。その中で学生見学旅費、満支現地演習費関係の文書も散見される。

創立期の二年間は士官コース別の学生毎に一カ月の満蒙演習を行った。その目的は現地の司令部、特務機関を訪問し、「既修諸課目ノ綜合的成果ヲ実習体得セシメ、以テ卒業後ノ研究ニヨリ其ノ大成ヲ顧慮」するとともに「卒業直後概ネ独立シテ諜報、謀略、宣伝、防諜業務ノ中継易ナル任務ヲ分担遂行」を目的としていた。(50)

一期生の満ソ国境線爆破演習

一期生の満蒙演習は一九三九年七月に全員参加で実施された。(『校史』八一頁では七月実施で、秋草所長や伊藤主任らが同行)。この実習では「ハルビンでは特務機関見学、秦彦三郎機関長の状況説明、質疑応答、ノモンハン事件の捕虜取調見学、憲兵隊の潜入諜者摘発演習見学、北海公園を舞台に白系ロシア人を混えその連絡法の実習、白系ロシア人経営のモデルンホテルに秘匿宿泊」がなされた。(51)

日下部一郎によれば、ソ連国境はノモンハン事件の最中であったため、満州の要地では、日ソの工作が虚々実々のせりあいを演じていた。二週間かけて奉天、牡丹江などで各種の謀略演習をおこない、ハルビン特務機関が養成中だった満州人謀略部隊の訓練に合流参加した。松花江を目前にした国境線には、ソ連の監視兵が一キロおきに配置され、厳重な警戒体制を敷いていた。監視の目を盗んで鉄条網を破壊する危険な演習を指導の中佐が指示した。

中佐の言葉はつづき、爆破計画の詳細が指示された。

松花江をこえた向う岸に、七名の教官にひきいられた十八名の一期生たちが潜入し、国境線の爆破を敢行したのは、それから二日後のことである。（中略）突然の大爆発に周章ろうばいするソ連監視兵の姿を尻目に、全員はすばやく満州国側にひきあげた。

「ようし。大成功だ」

一同は口ぐちに、困難な仕事を見事になしとげた喜びを交しあったが、さすがにソ連側もさる者だった。翌日のソ連紙には、国境線爆破のことが大きく報じられてあったが、それにはつぎのように書かれてあった。

「これは、東京からやってきた日本陸軍将校たちの陰謀である。数名の高級将校は負傷した……」

中野学校のことは見ぬけなかったが、ソ連側の密偵は国境線爆破計画の真相に近いものをちゃんとつかんでいたのだ。(52)

後出の乙I短の山本嘉彦は、「一期学生はここで謀略演習を実施している。国境線を突破しての大胆な演習であった。その演習は成功裡に終了したので問題はなかったが、もし不成功に終わったら国境紛争に発展する可能性があった」という。(53) 卒業間近い学生にとって配置予定先での緊張感のはらんだ予行演習に他ならなかった。

満蒙演習日程表、部分（出所：アジア歴史史料センター　C01004855100）

乙種長期学生満蒙支実習演習予定計画					
日次	月	日	発着時刻	発着地	摘要
1	九月	一日	二三、三〇	上野発	
2	〃	二日	九、二二	新潟着	
			一五、〇〇	新潟（月山丸）発	港湾防諜
3	〃	三日			
4	〃	四日	六、〇〇	羅新着	
			一七、五〇	羅新発	
5	〃	五日	八、一五	牡丹江着	牡丹江特務機関業務見学 諜報、防諜、謀略業務 現地実習
6	〃	六日			
7	〃	七日	九、〇〇	牡丹江発	
			一六、〇〇	綏芬河着	綏芬河特務機関業務見学 国境停車場ノ業務見学
8	〃	八日	一三、四五	綏芬河発	
			一九、四〇	東寧着	国境視察及国境警備要領ノ研究 東寧特務機関業務見学
9	〃	九日	一七、一五	東寧発	
			二二、五〇	綏芬河着	
10	〃	十日	七、四〇	綏芬河発	謀略要員ノ培養、訓練指導 要領の研究
			一八、五一	横道河子着	
11	〃	十一日	二三、一六	横道河子発	
12	〃	十二日	七、二五	哈爾賓着	哈市特務機関業務見学 地方機関トノ連絡業務研究 文書諜報ノ見学 科学諜報ノ見学 謀略要員養成所見学
13	〃	十三日			
14	〃	十四日			
15	〃	十五日			
16	〃	十六日	九、四十五	哈爾賓発	
			一五、一〇	新京着	防諜及宣伝業務実習 志士ノ碑参拝 関東軍ノ一般諜報、防諜謀略業務見学 満蒙ニ関スル研究
17	〃	十七日			
18	〃	十八日			
19	〃	十九日	一八、二〇（急行）	新京発	
20	〃	二十日	一三、四五	天津着	租界問題研究 北支ニ於ケル諜報、謀略研究
21	〃	二十一日	二〇、二五	天津発	
			二二、四〇	北京着	占領地行政ノ研究 通州事件ト通州機関ノ研究 放送、宣伝業務ノ見学
22	〃	二十二日			
23	〃	二十三日	二三、三〇	北京発	

一九四〇年九月には一カ月間、乙Ⅰ短の学生満蒙演習では六九名の卒業生が参加した。教務主任福本亀治中佐など三名が指導官であった。その他に雇員、嘱託が加わった総勢八十名の大演習であった。牡丹江、綏芬河、横道河子、ハルビン、新京、天津、北京、張家口をまわり、関東軍の特務機関で業務見学、現地演習を行った。(51)哈爾浜《ハルビン》の七日間では「哈市特務機関業務見学、地方機関トノ連絡業務研究、文書諜報ノ見学、科学諜報ノ見学、謀略要員養成所見学、防諜及宣伝業務実習、志士ノ碑参拝」など盛りだくさんであった（前頁の表）。

乙Ⅱの満蒙演習

乙Ⅱ長の演習を示すものはない。乙Ⅱ短の演習をまとめた塚本繁の証言「〝卒業演習〟の旅」は写真が豊富で興味深い。大同石仏前の集合写真には三十四名ほどが写っている。北京の特務機関の写真や北支軍司令部で中野卒のＯＢから現地体験談を聞いている光景も珍しい。

この演習でも行く先々で課題が与えられ、その課題消化で苦しんだ話が出る。さまざまな興味深い観察の一つは次のものである。

包頭は戦線の第一線で、駐屯する部隊もその住民も緊張していた。奥地より送られてくる麻薬の摘発は、各地とも厳重を極めたが、この包頭では特に厳しく、駅に降りたとたん一行は憲兵の臨検を受けてしまった。団長と憲兵とのやりとりを見ているわれわれの眼前で、嬰児を抱いた姑娘が憲兵に尋問されていた。その抱いている嬰児は明らかに死相を呈していたが、姑娘は嬰児の体が悪いので病院に連れていくと言い張っていた。強引にその毛布でくるんだ嬰児を調べると、すでにお腹をさかれてその中に阿片が隠されていた。（中略）この阿片を利用して工作の浸透と工作資金の調達を計るという卑劣さに憤りを感じたものである。[54]

演習の旅程と絶え間なき課題

この演習（一一七頁の表）に参加した山本嘉彦（乙Ⅰ短）は前掲『追憶』[55]で一連の旅程を明かしている。

演習は新潟港から始まり、朝鮮の羅津に渡り、牡丹江、綏芬河、ハルビン、新京、奉天、大連と巡って、下関に帰着する経路であった。学生は集合場所と集合時間の指定があるだけで、各自自分の行動計画に合わせて自由行動をとり、偵察を終えて答案を提出するのである。新潟港では乗船する船舶の爆破とシージャックの課題、羅津では羅津停車場見取り図の課題、羅津から牡丹江まで約一昼夜に及ぶ列車内では兵要地誌調査の課題、と各地で次々に課題が与えられ、学生は旅行気分どころか、常に課題に追い回される道程であった。

一般的な兵要調査で対象となる、軍隊が作戦行動するために必要な、地形、地物の状況調査のほかに、さらに諜報、謀略的な観点から調査資料を収集しなくてはならなかった。例えば鉄道輸送では、線路容量の推定調査のほかに輸送妨害、鉄橋爆破に関する調査が必要となる。民情調査では物資の集散状況のほかに、各民族の生活状態、不平不満の有無等の調査が必要であった。これらの課題を列車の窓から眺めながら調査するのであるから、些細なことも見落とすことが出来ない。学生にとっては緊張の連続した徹夜作業である。

この演習では調査に取り組む心構えと、調査方法に対する訓練を意図していた。将来クリエール（外交官としての伝書使）として活動する際常に遭遇する重要な課題であるにもかかわらず、実際の学生はその重要性を認識することが出来ず、いい加減な調査でお茶を濁していたという。

一九四〇年には、ほかに国内では神奈川県演習、陸軍工兵学校演習、陸軍習志野学校演習参加、富士裾野演習への参加などがあった。一九四一年度で十五万一千円の海外演習、下士官コースの国内演習には二万五千円というかなり多額の予算を計上していた(56)。

一九四一年七月に乙Ⅱの藤井千賀郎、塚本繁らが参加した北支蒙彊視察旅行(57)が最後の外地演習になったと思われる。

国体学演習として関西を中心に天皇ゆかりの場所への集団見学の旅行も各期に設定されていた。これは、厳しい戦時でも実行された。

ほかに、演習に限らず実地見学が多かったようである。統計学では内閣統計局、東京証券取引所、宗教学では小田急の沿線にある回教寺院、湯島の聖堂、広報宣伝では朝日新聞、ＮＨＫ、映画の大船撮影所、といった行き先である。その他工場、港湾、横浜税関などにも赴いたり、語学では捕虜収容所に行って捕虜の将校と会話の練習をしたりした。映画の撮影所では女優と写真を撮ったり、税関では没収した洋画を見せてもらったり、捕虜とは色々な話をしたりして、息抜きをして楽しんだ側面も見られた。[58]

第三章　文献

（1）伊藤貞利『中野学校の秘密戦』中央書林、一九八四年、一五〇頁

（2）日下部一郎『決定版 陸軍中野学校実録』株式会社ベストブック、二〇一五年、三三—三四頁。校史五五頁、九八頁他も参照

（3）「『中野』の教育と信条」『歴史と人物』一九八〇年十月号特集　日本の秘密戦と陸軍中野学校、中央公論社

（4）原田統吉『風と雲と最後の諜報将校　陸軍中野学校第二期生の手記』自由国民社、一九七三年、三二頁

（5）鈴木勇雄「陸軍中野学校　其の二」一〇頁

（6）C01004653900、前掲『Intelligence』十七号「陸軍中野学校重要公文書」所収

（7）原田統吉「私の受けた中野学校の精神教育」『歴史と人物』一九七四年五月号、二三〇頁

（8）小野田寛郎「分校教育の心髄」俣一戦史刊行委員会編『俣一戦史』俣一会、一九八一年、四四頁、四五頁

（9）「『中野』の教育と信条」前掲『歴史と人物』一九八〇年十月号

（10）岩井忠熊『陸軍・秘密情報機関の男』新日本出版社、二〇〇五年、九八—九九頁

（11）前掲『昭和史の天皇　8』一三六頁

（12）「丙二期生の記録」編集委員会編刊『陸軍中野学校丙種第二期生の記録』一九八九年、八一頁

（13）読売新聞大阪本社社会部編『ニューギニア』新風書房、一九九二年、一八一頁

(14)斎藤次郎『諜報勤務回顧録』非売品、一九八五年、一〇頁
(15)「『中野』の教育と信条」前掲『歴史と人物』
(16)「『中野』の教育と信条」前掲『歴史と人物』
(17)関屋博安「陸軍中野学校における教育」『陸軍経理学校・経理部士官候補生第四期生史』一九八五年、五一八頁
(18)「『中野』の教育と信条」前掲『歴史と人物』
(19)秋草俊「昭和十五年度特種勤務要員候補者銓衡試験実施ニ関スル件報告」C0100484750
(20)前掲「岩畔秘密戦」
(21)「『中野』の教育と信条」前掲『歴史と人物』
(22)今井紹雄『中野学校第六期丙種学生――ある中尉の回想』緑平会、一九七六年、三六頁
(23)坂本昇二朗「最後の証言――陸軍中野学校〈第一期生〉牧澤義夫氏」『Intelligence』第十七号、六四頁
(24)「『中野』の教育と信条」前掲『歴史と人物』
(25)泉明「反古兵行状記」『陸軍中野学校丙種第二期生の記録』二二一―二二三頁
(26)原田統吉「陸軍中野学校教育法」『諸君!』一九七七年二月号
(27)C01004653900、『Intelligence』十七号所収
(28)濱本純一『青雲白雲――私の人生劇場』濱本事務所、一九八六年、五七頁
(29)山本嘉彦『追憶』一九七六年、二三四―二三五頁。なお「同時に存学した幾種類かの学生のあいだも厳格な壁で遮ぎられ、横の連絡も極めて限られたものでした」と、同期乙I長の原田統吉は「私の受けた中野学校の精神教育」『歴史と人物』一九七四年五月号、二二四頁で語っている。
(30)『「昭和軍事秘話」――同台クラブ講演集』上巻、同台経済懇話会、一九八七年、二六四―五頁
(31)前掲福本亀治「陸軍中野学校　其の一」二頁
(32)C01004864700

(33) 藤田西湖『最後の忍者どろんろん』新風舎文庫、二〇〇四年
(34) 前掲(1)一五六頁
(35) 前掲『決定版 陸軍中野学校実録』三三―三四頁
(36) 前掲(4)三二頁
(37) 長崎暢子ほか編『資料集インド国民軍関係者証言』研文出版、二〇〇八年、二八八―九頁
(38) 「『中野』の教育と信条」前掲『歴史と人物』
(39) 前掲(22)一九一―一九四頁
(40) 「陸軍中野学校における教育」『陸軍経理学校・経理部士官候補生第四期生史』一九八五年、五一八―二〇ページ
(41) 『中野校友会々誌』十三号、昭和五二年
(42) 田尻善久「遊撃戦のテキスト」前掲『俣一戦史』三三頁、三四頁
(43) 「陸軍中野学校との出会い」前掲『俣一戦史』二八頁
(44) 「陸軍中野学校とは一体何ンだったのだ」『中野校友会々誌』二十八号、一九八五年
(45) 前掲(14)二〇頁
(46) 「私が受けた中野学校教育」『週刊サンケイ臨時増刊 陸軍中野学校破壊殺傷教程』一九七三年四月十一日号
(47) 吉原政巳『中野学校教育――一教官の回想』新人物往来社、一九七四年、二七頁
(48) 吉原前掲書、一一頁
(49) C01004814400
(50) 秋草文書(C10046539000)
(51) C01004855100
(52) 前掲『決定版 陸軍中野学校実録』五七―五八頁
(53) 前掲『追憶』二六〇頁

(54)『別冊1億人の昭和史　日本陸軍史』一九七九年、毎日新聞社
(55) 前掲『追憶』二五八―二五九頁
(56) C01004808500
(57) 前掲（37）三九六頁所収の藤井証言参照
(58) 前掲（30）二五六頁

第四章

昭和天皇の謀略観

戦前・戦中の日本では、大日本国憲法のもと天皇は陸海軍を指揮監督する最高の権限を有していた。昭和天皇は、最高指揮権者として陸軍大学校の入学式、卒業式への臨席を欠かさなかったことが『昭和天皇実録』からわかる。しかし中野学校に顔を出した記録は見当たらない。彼は中野学校を知らなかったのであろうか。

1　天皇、中野学校当局を叱る

『昭和天皇実録』に見る天皇の怒り

昭和天皇は一九三六年に起こった二・二六事件に見られる軍部の暴走の再発を憂慮していた。中国前線での軍部の侵略行為に必ず謀略がからまっていることを警戒していた。

土肥原賢二
（写真提供・雑誌「丸」）

その謀略工作の推進者である土肥原賢二中将（東京裁判で処刑された七人のうちの一人）が中国前線から本土に帰り、第十四師団長になった一九三七年三月の親補式（旧憲法のもとで天皇が官職を命じる儀式）があった。その後、天皇自ら土肥原を皇居に呼びよせ、一九三八年十月七日には「謀略」、一九三九年五月五日には「対支謀略」というテーマで「奏上」なる説明の場を設けたことが『昭和天皇実録』第七巻に記載されている。

もともと天皇は政略や戦略での謀略の実効性、特に危険性を鋭く認識していたからであろう。例えば一九二八年の張作霖爆殺事件では謀略性を隠そうとした、時の田中義一首相を辞任に追い込んでいる。ただ土肥原を呼んだのは、叱責するためではなかったようである。「満州のローレンス」の異名を持ち中国前線での政戦謀略のプロである土肥原から「謀略」の何たるかを学ぶと同時に、その中国での有効性を把握しようとしたことも推測される。

支那事変から三年後の一九四〇年七月十日の実録には次の記述がある。

午後一時三十分、参謀総長載仁親王・陸軍大臣畑俊六・教育総監山田乙三に謁を賜い、陸軍平時編制の改定及び軍備改変に関する上奏を受けられる。その際、陸軍中野学校の新設に伴い、内政に関する謀略等を行わないよう監督指導が必要なこと、内地の軍司令官が濫りに地方長官等を圧迫することがあってはならないことを述べられる。また、支那事変収拾のための桐工作に関して種々御下問になり、工作失敗後の第三国への仲介に際しては十分準備の上での行動を要する旨を仰せになる。(1)（傍点引用者）

章の冒頭で述べたように、各年度の実録を見る限り天皇は中野学校へ一度も行っていない。陸軍大学校、陸軍士官学校には入学式、卒業式などの行事をはじめとして毎年数回訪問していた。陸軍経理学校にも行った記録がある。

実録で中野学校が出るのは、この一行ほどの傍点箇所だけである。その他の年月日には中野の名は出てこない。しかしこの文章は短すぎる。そこで、侍従武官長も務め天皇の信任も厚かった畑俊六陸軍大臣の日記を開いてみた。同じ日の記述には以下のようにある。

七月十日　本日総長殿下、総監と共に葉山に伺候、軍拡に関する上奏並人事内奏をなす。重要なる御下問次の如し。

1)、中野学校新設に伴ひ、先般神戸英領事館襲撃事件もあり、此の如き又内政に関する謀

略などやらぬ様十分の監督指導を要す。[2]（以下略）

実録の編者はこの陸軍大臣の記述を信用し、引用したことが分かった。天皇の発言は短いが、実録にない神戸英国領事館襲撃未遂事件（神戸事件）を念頭に置いていたことが確認できる。この日記の記述は今まで中野関係の本には出ていない。

毎回恒例の参謀総長、陸軍大臣、教育総監の上奏の中に出てくるあまたの編制や軍備の変革の事例説明の中で、「後方勤務要員養成所」を耳にする機会はあったかもしれない。上奏の要旨の関連事項として、日ごろは聞き置くだけであったろう。ところが後方勤務要員養成所から「中野学校」への校名変更とそれに伴う兵務局から陸軍省への所轄変革の説明に、天皇は鋭い反応を示した。

畑陸軍大臣らは天皇が中野学校に触れた際、国内での謀略工作に卒業生や在校生を使わないように監督指導をせねばならないと厳しく警告したことに驚いた。だからこそ陸軍大臣は天皇の重大発言として認識し、日記にメモしたのである。

神戸事件という不名誉な出来事

神戸事件とは、中野学校で剣術、柔術を担当し学生指導を行ってきた教師が、教え子の一期生、二期生（乙Ⅰ）を巻き込み、神戸にある英国領事館の襲撃を計画し未遂に終わった一件であるが、もちろんメディアには伏せられた。国民にも、軍内でも隠密裏に処理された。ところが天皇の耳に達し、彼の関心を引きつけていたのである。天皇は校名変更をその年の正月明けに聞き、三月に不起訴処分を知った神戸事件を連想した。満州事変や支那事変などにおける土肥原らの謀略を天皇は注視ながらも、露骨な批判を自制していた。既成事実として追認していたといってもよい。だがこの度の事件は座視できなかった。

なぜか。天皇は中野学校における謀略や諜報の工作の教育が、土肥原の亜流誕生につながるとの憂慮を示したのである。この事件から、中野学校生が起こした内政における謀略事件を連想したのであろうか。そうではない。これは英国領事館をねらった襲撃、つまり国際謀略であると考えたからであろう。英国に愛着を持ち、英国との友好の継続を願う天皇にとって、一九三九年六月の日本軍の天津英租界封鎖事件を連想させ、友好破壊、対英戦争勃発の危機を感じたのであろう。

神戸事件の首謀者の陸軍中野学校訓育主任伊藤佐又少佐は一期生を連れた一九三九年の満蒙演習旅行の帰路、一人天津に立ち寄り、親しい陸軍将校に襲撃の謀略を話しかけていた。彼には英国領事館襲撃は常に念頭にあった。

卒業生の総数二千三百人のインテリジェンス工作の経験が「中野は語らず」「政府は調べず」という基本方針のもと記録されず、継承されなかった。もっとも真実を伝えるはずの参謀本部、陸軍省の機密公文書もほぼ完全に終戦時に焼却された。小野田寛郎のルバング島からの救出後に発刊された『陸軍中野学校』という「校史」は、卒業生が過去について客観的に考察する指標となり、記念碑となったが、そこでも不名誉とされるあまたの出来事、たとえばここで触れる神戸事件は全く取り上げられなかった。

2　中野学生が巻き込まれたクーデター未遂事件

神戸事件の発端

神戸事件とは、先に述べた通り、伊藤佐又少佐が教え子の一期生、二期生を巻き込んで企てた英国領事館への襲撃未遂の出来事であった。発生したのは一九四〇年一月四日夜のことである。参加者は二十四時間のうちに全員逮捕された。英国側には被害は何もなかった。以下が最初の憲兵隊資料(3)に出た事件関係将校である。

歩兵第二百二十六連隊大隊長　歩兵少佐　伊藤佐又
陸軍兵器本廠附兼陸軍省兵務局附　歩兵中尉　牧澤義夫
騎兵中尉　亀山六蔵

伊藤佐又（生前牧澤氏より供与）

歩兵中尉　丸崎義男
歩兵少尉　小竹広
歩兵少尉　岡田孝
砲兵少尉　吉永昌弘
歩兵少尉　大場啓
工兵少尉　加藤万寿一
輜重兵少尉　若菜二郎

牧澤ら三名の中尉は中野の一期生で、在学時から二年近く伊藤少佐と接していた。吉永少尉以下の四名は現役の二期生（いずれも乙Ⅰ長）であった（この資料には名前の記載なし）。ただし小竹広、岡田孝の名は中野学校校友会名簿（昭和五十九年四月現在、全国版）には見当たらない。

伊藤の目的は、総領事を脅迫し、イギリスの反日活動の証拠をつかみ、反英世論を喚起しようとするためであった。伊藤には前年一九三九年十二月に中国山西省に駐屯する陸軍歩兵大隊長として転任する命令が下っていた。彼が中野学校に不満があったかどうかは分からないが、自分が訓育主任として手なずけた十数名の下級将校を襲撃の手足として使えるチャンスは今しかないと焦っていたのかもしれない。学校当局に気付かれないように、年末年始の帰省途中の元学生や現役生を演習の一環と思わせて誘導した。それでも中心メンバーの一期生三人だけにはホンネを打ちあけていたようである。その他の者には神戸の湊川神社への集合日時が伝えられただけであった。(4)

憲兵隊の俊敏な行動

伊藤は一月四日午前に神戸で、中野の教え子の兵務局「山」機関勤務の中尉杉本美義(一期)に会って参加を求めたが、同意を得られなかった。それどころか杉本は上官の守田中佐に伊藤の話を伝えた。その重大性に気付いた守田が幹部と相談した。

神戸憲兵隊がまとめた一九四〇年一月六日付けの「陸軍将校不穏行動ニ関スル件報告(5)」という公文書に神戸事件二日間の憲兵隊側の行動が記載されている。以下が陸軍の中部防衛司令官園部和一郎が陸軍大臣畑俊六宛てに出した緊急の報告書の要点である。

1、一月四日十六時三十分頃、守田中佐から中部防衛司令部にて事件の報告を受け、陸軍省、第十師団司令部、神戸憲兵隊に連絡。

2、大阪憲兵隊長と連絡、協議。

3、加藤参謀長が伊藤少佐らと「懇談」し、中止を説得すべく十九時二十分大阪出発。

4、二十時三十分参謀長は神戸憲兵隊分隊で少佐は姫路に行って不在であることを知る。さらに牧澤義夫中尉（一期）以下の宿舎　富士屋ホテルに赴いたが不在。二十二時に亀山六蔵（一期）、丸崎義男（一期）中尉が宿舎に帰還、説得したところ了解したが、「元来伊藤少佐ノ行動ニ絶対追従」なので、少佐と会うまで一時中止すると明言したので憲兵に引き渡した。憲兵には牧澤、伊藤の捜索に全力を注ぐよう指示。

5、五日午後二時牧澤中尉が憲兵隊に出頭したので、検束。

6、小竹少尉以下六名は事件内容を知らないが如く、四日それぞれ郷里に帰還していた。

7、伊藤少佐が五日夜姫路から神戸に戻ったので、夜中の三時に憲兵が検束。

報告書が出されたのは、それが起こった二日後というすばやさだった。指揮に当たった中部防衛司令官園部和一郎は、この文書で、現世相を見れば今後この種の「策謀」は勃発する可能性がなくもないので、中部防衛司令官として厳しく「警視」するとともに憲兵隊や大阪府、兵庫県両警察部に連絡し、「外国領事館等ニ対シ暗々裡ニ警護スヘキヲ要求」したとある。

園部の側では、伊藤の背後関係に存在する大物への警戒があった。一方伊藤は懇意の姫路第十師団長からの兵員派遣の援助の可能性を模索しようとしていた。しかしその見込がないことを自ら確認して、神戸に戻り出頭した。

事件の場所は神戸であるが、東京の兵務局、参謀本部そして中野学校と関係者はすべて東京にある。その深層を解明するには東京での取り調べ、背景調査が不可欠と判断された。伊藤らは拘束され、陸軍兵務付きの一期生の三人が伊藤少佐に洗脳されて反英行動に同調したためと考えられ、東京憲兵隊送りとなった。一方残りの中野在校生は少佐の意図は知らなかったとして釈放され、帰省が許されたらしい。

東京憲兵隊での追及開始

大谷敬二郎は当時東京憲兵隊特高課長、中佐であったが、上司の兵務局渡辺冨士雄防衛課長から捜査依頼が彼のところへ来た。中部防衛司令官の線で捜査指揮することになった。一月六日、大谷は大阪憲兵隊から護送された伊藤少佐と三人の中尉を受領し、すぐに留置した。

事件処理の打合せに渡辺防衛課長を訪ねた。そこには学校責任者の秋草大佐と参謀本部第八課長臼井茂樹大佐も同席していた。この席上、渡辺大佐は「この事件は陸軍省としては、大体行政処分ですます方針で、畑大臣も同意しておられるので、そのつもりでいてほしい」と大谷に告げた。大谷はこれにむっとして、三人に反論したと自著で回想する。

陸軍省が行政処分するというのなら、何も憲兵を煩わすことはないではないか、自分のことは自分で仕末《ママ》すればよい。だが、一体それでよいのか、往年の三月事件、十月事件を引合いに出す迄もなく、一つの事件がおきたらそこには、粛すべきいくたの内容がある筈だ。本人の処分はあと始末であって、それよりも大切なことは、事件にひそむものを洗いざらしに掘出して事件の反省と自粛をとげることが、事件処理の根本なのだ。そのあとに此等の人々の処分がきまるので、始めから行政処分ときめたというのでは、事件をあいまいにしようとする、軍の常套手段ではないのか、わたしは反対だ。それでも行政処分を始めから固執するのなら、憲兵は手を引こう。(6)

この正論に臼井はさすがにものわかりが早く〝よくわかった〟と同意したため、秋草、渡辺も行政処分での処理要求を引っ込めたという。

大谷に代表される東京憲兵隊の追及は当初は厳しかった。しかし一般人の取り調べには常套手段の憲兵による暴力、脅迫の使用は、仲間内なのでご法度であった。「どんなたくらみで、どんな行動に出たのか、伊藤少佐については全く見当もつかなかった。その上秋草学校といえば、中野学校の前身で、スパイ養成の学校、だからこのような逮捕された場合の対抗処置まで、十分な訓練をうけているので、一層始末が悪い。とにかくこの捜査はむつかしいものだった」と嘆く。(7)

この事件の経過については諸説があるが、ここでは前掲書で大谷が語ったことが真実に近いと筆者は判断して引用を続けることにしたい。

大谷によれば、「秋草学校」つまり中野学校の学生二十数名が参加していたと記している。

伊藤の同志、参謀本部附の将校二人は東京より神戸に向い、秋草学校附の将校と学生達は、命令のままに、伊勢神宮に参拝し目だたないように神戸湊川神社に逐次集合し……神戸憲兵隊に拘引されてしまった。(8)

首謀者伊藤の背後にうごめく大物軍人

大谷が調べてみれば、伊藤は国内の反英世論に便乗して、陸軍内に仲間を広げ、しばしば近衛文麿（当時枢密院議長）にまで直談判をしたことが分かったという。

井崎喜代太は一期生時代の体験を戦後の一九六一年に防衛研究所でなされたヒアリングで語っている。桜井徳太郎と伊藤佐又と井崎と三人連れで近衛公に会いに行ったことがあり、その際伊藤は近衛公に「印度に対する謀略の話をした。何処でも上陸出来るから直ぐに成功すると云ふ話をした」(9)。だが、近衛はその際、伊藤の話を聞き流したらしい。

伊藤は一期生に剣と柔道を教えていた。学生の補導も彼の専任としての仕事であったが、その率直な発言や見事な剣さばきが若い学生の心を捉えていたらしい。先の一期生井崎は彼をこう語っている。

革新将校として恐がられながらも、よく中央部を闊歩し歩いた佐又さん。やはりその純一無雑の至誠を信じられていたからであろう。惜しむらくは、神戸事件によって早く軍籍を去られた。[10]

調べていくにつれ、伊藤の単独行動に大谷は疑問をいだいた。彼はひとりでかかる大事をたくらむほどの大物ではない。彼の本来の目的は仲間と組んだクーデターである。つまり常日頃周辺に語っていた「昭和維新の達成」が主目的であって、英国領事館を襲撃占拠することではなかったのではないか。

神戸での旗揚げという第一段階はすぐに達成される。その後上京し、在京同志を糾合して第二段階の英国大使館の占拠を行う。これによって、日本における英国の牙城を完全に奪取する。それと同時に、国内の排英風潮とその国民運動を盛り上げ、近衛文麿をして天皇に上奏せしめ、排英断行の詔勅を渙発させる第三段階に入る。そうして国内親英分子の一斉粛清がなされ、親英的思想、制度が日本から一掃される。大谷に言わせれば、彼の目的は「わが国体の真姿を顕現するというまことに夢のような物語」であった。[11]

一九四〇年正月早々、この構想の実現に伊藤自身が相応の手を打って出た。東京の同志への工作が第一段階、決起後の上部工作が第二段階である。その背後関係について、大谷によれば、当時陸軍部内で俊英をうたわれていた高島辰彦大佐は、排英強硬論者として在京中、右翼連中と国家革新を叫んでいた。高島は、中野学校一期生への講義で、カリキュラムの原論である「戦争学」を担当していた。高島の中野への登壇は伊藤の誘いかもしれない。来校の際、両者の接触があり、今回の事件に発展する謀略工作が練られた可能性があろう。

伊藤はこの高島大佐と深い繋がりのほかに桜井徳太郎大佐や、神兵隊事件（一九三三年発生の右派勢力によるクーデター未遂事件）の盟主天野辰夫とも交友関係があったという。桜井は「もし、伊藤が立てば、われわれは、必ず全陸軍を引きずって、軍を排英一本に固めて伊藤に全面的な協力をする」とはっきり断言していた。さらに上部工作として高島とともに近衛を訪ね、排英運動への協力を要請した。大谷は近衛からも事情を聞いたところ、実際にあったことだと認めた。

憲兵隊と並行して参謀本部でもことの真相の解明に動いた。門松正一中佐は八課で中野学校を監督する立場にあった。彼は伊藤が中国にいる中野出身者と提携して、大陸でもことを挙げる暴挙を企図しているのではないかと疑った。門松は一期生の日下部一郎らの調査のために北京に飛んだ。ところが、中佐の突然の訪問とその用件を耳にした日下部は、寝耳に水の驚きを率直に表した。日下部の態度に中佐はホッとしたらしい。それでも中佐らは桜井徳太郎、高島辰彦大佐らが伊藤を背後から糸で引っ張っているとにらんでいたらしい[12]。

高島大佐らが背後から伊藤の行動を指揮していたとすれば、その背後関係を追及するのが大谷ら憲兵側の捜査の本筋となるはずであった。高島大佐への取り調べは行われたかもしれないが、それは黙秘を突き崩すような高姿勢ではなかったろう。軍幹部までの追及は東京憲兵隊の力を超えていた。結局、大谷は背後の大物への追及は断念せざるを得なかった。

かろうじて伊藤を行政処分ではなく、軍事裁判に追いこんだ。ともかく憲兵と陸軍との力関係の中で、起訴ができただけで満足せねばならなかった。第一師団の軍法会議に送るに送ったが、結局三月に不起訴処分になった。捜査開始当初、秋草たちに大見得をきった大谷の捜査姿勢も、大物の壁を乗り越えられなかった。憲兵隊は参謀本部の基本方針を打ち破るには至らなかった。秘密裁判のなかでの処分理由は不明である。

予備役処分という寛大さ

以前のクーデターは現役の政府高官暗殺をねらった重大事件であったが、外国人や在日外国機関を襲撃対象としたことはなかった。ところが今回はアメリカと並ぶ日本の潜在敵国の英国の在日外交機関を襲撃しようとしていた。しかも学校幹部が先導したもので、カリキュラムにある「工場偵諜」といった模擬演習ではない。その重大性を認識した軍当局の対応は手早かった。先述のとおり伊藤少佐は逮捕、拘禁された。軍法会議が秘密裡に開かれて、迅速な処分がなされた。だが彼は予備役に処されるだけで、十分な退職金は受けていた[13]。一期生らへの処分は全くなされなかった。

ともかく事なかれ主義で伊藤を予備役にするのが精いっぱいであった。それどころか伊藤は三月二十六日付けの陸軍大臣の「特旨叙位」で従六位勲四等功五級に昇格するだけでなく、退職金千二百九十五円と優遇された[14]。

反省のない関係者

その後伊藤は軍に呼び戻されることはなく、軍の周辺を「院外団」的浪人として徘徊していた。終戦直前、「一度請願運動をやって後藤憲兵(四十期)につかまった(中野学校学生を糾合してやるといふ問題はないと思ふ。中野には批判的であった)らしい[15]」。彼には神戸事件で中野学校に迷惑をかけたとの反省はひとかけらもなく、むしろ長く中野学校に批判的だったという。

当事者のなかで唯一反省の弁を残したのは、吉永昌弘少尉(乙I長)であった。

入校も間もない昭和十五年一月、伊藤主任の指示のままに「所謂」神戸事件に連座し、東京憲兵隊に連行され、その取調べを受ける身となった。結果は不起訴となったが、この事件の責任をとって、秋草所長は転属され、伊藤主任は予備役に編入された。その間この事件の処理に当っての福本(亀治、引用者注)先生のご辛苦は大変なものであったと思われる。特に二・二六事件の当時東京憲兵隊特高課長として事件の調査と処理に当たられ、遂に事件を未然に防止し得なかった責任を問われ、先生は処罰され憲兵界を追放されたのであるが、今度は自分の教え子が曾ての憲兵達によって審かることになった先生のご辛苦は今にして思えば本当に申し訳ないことであったと思っている。中野の学生が処罰されることなく終ったのは、全く秋草所長の責を一身に背われた親心と、職業がら内にあって種々尽力された先生のご苦心の賜であろう。釈放後、一日秋草先生のご自宅に招かれ、「お前達の殉国の熱意を内に向けず、外へ向けよ」と懇々と説かれたことを有難く又懐しく思い出す。[16]

ここに出る秋草の言葉と、章の冒頭で引用した最初の天皇のことばは、論理的に一致する。

事件を契機に変容した中野学校

神戸事件は闇に包まれてきた。最近、アジア歴史資料センターから公開された「軍内革新運動ノ過去及現在[17]」は「憲兵将校ノ外閲読ヲ禁ス」と記され、「極秘」のスタンプを押された手書き資料である。三月事件、血盟団事件、五・一五事件、十一月事件、永田事件、二・二六事件など九つの重大事件が列挙されていて、それぞれの経過や問題点が簡潔に説明されている。この文書の最後に出るのが神戸事件である。この資料は神戸事件が公式に処理された六月以降の一九四〇年内に出されたことは確実である。その内容から見て、大谷自身か周辺の憲兵将校の手になるものであろう。

この資料によれば、彼らが裁かれたのは多衆衆合暴行脅迫未遂罪であったが、第一師団軍法会議は審理の結果、不起訴処分とし、伊藤少佐を予備役に編入したのは先述のとおりである。ここでは丸崎、亀山、牧澤の一期生と吉永正弘（ママ、昌弘）、若菜二郎の二期生がフルネームで出ている。その他の人名はなく、事件への参加者も「将校並に下士官兵数名」とある。

二・二六事件ほどではないにしろ、昭和十年代前半の歴史上の重大事件と並ぶ扱いである。先述のとおり、アメリカと並ぶ日本の潜在敵国である英国の重要外交機関を襲撃しようとしていた未遂事件である。秘密学校の起こした重大事件は岩畔のいうような「珍事件」として済まされるものではなかった。むしろ彼がいうように「幸い事前に発覚して未遂に終ったからまだよかったようなものの、あれがもし実施されていたら、養成所は廃止になっていたかも知れない」との判断は正しい(18)。

秋草校長の辞任は事件発生から三カ月後であったが、その方が学校当局には打撃であった。彼は学生に別れを告げることなく、自他ともに「秋草学校」と認めていた中野学校から姿を消した。教職幹部自らが学生を国内での謀略に使嗾《しそう》するような伊藤の暴挙は、天皇の戒め発言を生んだ。天皇発言にじかに接した陸相や参謀総長は、この神戸事件の再発防止警報と受け止め、後方勤務要員養成所から中野学校への名称変更を機に中野内部での一層の締め付けを行った。天皇制に対する論議すら自由で、学生はそれぞれの主義主張を基に激論を闘わせていたという学園の雰囲気が変化した。

天皇発言は過激派を抑圧したが、自由派も委縮させた。自由な雰囲気の閉塞化は管理派を強化させた。秋草の辞任もあって自由闊達さが急速に消えてゆく。さらに一九四一年の中野学校の参謀本部直轄化は軍管理化を強めた。あくまでも同校は秘密戦工作要員育成校であった。その後の日本をめぐる戦局の展開は早く、即戦力を求める軍中枢部の要請で当初の岩畔・秋草構想はまもなく崩れる。彼らの構想を生かすだけの経済的、軍事的余裕が無くなっていく。

秋草、岩畔が去った後は……

秋草が去って間もない一九四〇年後半から皇国史観を東大で学んだ吉原政巳が「国体学」を担当しはじめた。彼は天皇イズムを強調し、「誠」の精神論を展開するようになった。吉原の採用の際、時事問題に触れないとの学校当局からの要請があったらしい[19]。五・一五事件参加で陸軍から追放された彼は、神皇正統記や楠正成論を教え込むことにより、終戦まで中野学生に右翼イデオロギーを注入し続けた。彼は伊藤佐又に代わって学生のシンボルとなった。精神主義、国家主義の合体は当初は薄かったが、神戸事件以降強まることになる。

自由放任な校風はいつしか消え失せ、陸軍の諸学校と同様に、校則で攻《ママ》めたてる学校になった。それでも一期生が築いた誠の道に結ばれた同志愛と無位無冠の気風は最後まで守り通していた[20]。

第四章　文献

（1）宮内庁『昭和天皇実録』第八巻、東京書籍、二〇一六年、一二七頁

（2）『続・現代史資料(4)　陸軍　畑俊六日誌』みすず書房、一九八三年、二六八頁。この日記の該当部分は

木村洋「ヤマ機関の通史」『Intelligence』十七号に引用されている。
（3）憲兵隊資料。C01004837700
（4）猪俣甚弥「優等生の集団・陸軍中野学校三、〇〇〇名の中にいたたった一人の劣等生」『中野校友会々誌』二九号
（5）（3）と同じ
（6）大谷敬二郎『昭和憲兵史』みすず書房、一九六六年、三四三―四頁
（7）前掲大谷著、三四四頁
（8）前掲大谷著、三四七頁
（9）防衛研究所所蔵「井崎喜代太陸軍少佐回想」
（10）井崎「あの日あの頃」『中野校友会々誌』二十七号、一九八四年十月一日
（11）大谷前掲書、三四八頁
（12）日下部一郎『決定版 陸軍中野学校実録』株式会社ベストブック、二〇一五年、七二―七三頁
（13）「退職者賞与の件申請」A04018545500
（14）A11114915400
（15）前掲「井崎喜代太陸軍少佐回想」
（16）中野校友会編刊『福本亀治先生と中野学校』一九八二年、二四頁
（17）「軍内革新運動ノ過去及現在」昭和十五年、C15120360700
（18）前掲「岩畔秘密戦」『週刊読売』臨時増刊号、一九五六年十二月八日号
（19）吉原政巳『中野学校教育』一三頁
（20）山本嘉彦『追憶』二七〇頁

第五章
中国大陸での陰影に富む中野出身者の行動

ここからは中野学校で学んだ卒業生たちが、実際に国外においてどのような秘密活動をおこなっていたのかを見ていきたい。本章では中国での行動を追ってみたい。

インテリジェンスの観点から、中国最大の都市上海は「魔都」と呼ばれた。アヘン戦争に敗れた清朝が一八四五年に上海をイギリスに割譲させられて以降、アメリカ、フランスが租界を次々と獲得した。上海の租界は永く英米の支配する共同租界とフランス租界から成り立っていた。租界は中国の主権の及ばない世界である。そこの公園には「犬と中国人入るべからず」との掲示が出された。

日本も列強に遅れまいと、対中国への軍事、経済的侵略を推し進め、共同租界の一角に拠点を設け、徐々にその地域を広げた。共同租界を管理する役所は工部局であったが、そこでは英米が実権を握っていた。一九三七年の第二次上海事変をきっかけに日本は上海を軍事的に占領した。だが、租界から英米を追放することで即開戦につながることを恐れ、日本は租界を完全に接収できなかった。

英米は蔣介石の国民政府を陰に陽に支援していた。とくに一九四〇年からパールハーバーまでは日本と中国を含む列強との相互の謀略戦や宣伝、報道戦が上海において熾烈に展開され、華々しくも最も緊張感のある時期であった。

1　魔都上海を動かす日本特務機関

影佐禎昭と梅機関、七十六号

日本は一九四〇年に中国国民党で蔣介石に次ぐ地位にある汪兆銘（精衛）を重慶から誘い出し、汪政権を樹立した。それは自身で重慶と同じ国民政府を名乗っていたが、日本軍の言いなりになる傀儡政権であった。一九三一年満州事変を起こし、清王朝最後の皇帝溥儀に満州国の傀儡政権を作らせた土肥原賢二将軍がまたも上海で同様な取り組みを始めたが、この謀略を実現させたのは影佐《かげさ》禎昭《さだあき》大佐であった。影佐は参謀本部で支那課長、大本営第八課長などを歴任した中国通のエリートであった。彼は一九三九年に上海共同租界で特務機関の事務所を設けた際、これを梅華堂と命名したため、彼の特務機関は梅機関と呼ばれた。

上海の暗黒街は青幇《チンパン》が支配していた。青幇は荷役労働者を基盤にした秘密結社で、三合会とも言われていた。孫文も蔣介石も若いころ所属していたらしい。日本側も蔣介石側もこの青幇を手兵として相互に抗争した。

梅機関は一九三九年に影佐によって反蔣介石の第五列組織として結成された。太平洋戦争勃発前後、松機関、梅機関、蘭機関などが独自の活動を行ったが、いずれも参謀本部直轄の特務機関であり、あらゆる形の第五列活動を行うのが主要任務であった。

当初、梅機関は南京に本部があって、そこから南京政府軍事委員会調査統計局（李士群主任）と南京政府樹立工作を行う特務機関を指揮していた。上海の支部は七十六号機関（七十六号）であった。東京では梅華堂という支部があった。一九四二年六月から江蘇省の村々での清郷工作（中国共産党の支配地区を囲い込む作戦）が開始された。梅機関はこの工作を背後から支える中心勢力であった。軍事顧問の晴気中佐が指揮を執った。

梅機関のこうした工作は秘密裡になされた。第一段階では大規模な隠蔽工作がなされ、第二段階では南京政府の指揮と各省への拡大をおこなった。第三段階の一九四三年には主として重慶政府の経済破壊工作がなされた。その組織は上海に移り、さらに一九四四年からは漢口に第三戦闘部門を吸収した。これらの工作は終戦まで続いた。一九四三年はじめに影佐中将が軍事顧問から更迭されると、梅機関は参謀本部の指揮下に入り、軍事顧問会の活動は停止した。梅機関の創立当初からいた中島信一大尉が指揮をとった(1)。

梅機関が上海で悪名をとどろかせたのは、汪兆銘側のテロ指導者の丁黙邨《ていもくそん》や李士群《りしぐん》を使って、蔣介石陣営内部で敵対する国民政府軍事委員会調査統計局（軍統、藍衣社）、中国国民党中央執行委員会調査統計局（CC団）のメンバーやジャーナリストへの強制監禁、脅迫、殺害といった特務工作を行ったためである。影佐は表の世界では紳士的であったが、裏の工作では藍衣社の殺人狂とも言われた戴笠《たいりゅう》に劣らぬ凶暴性をもっていた。影佐は自ら率いる梅機関と汪側特務機関七十六号を裏から指揮し、「右手で紳士然と緒方竹虎、松本重治らと握手しながら、左手で「七十六号」の丁默邨や李士群に何くわぬ顔でジャーナリスト暗殺のサインを送っていた[1]」

工作の総指揮をした「特工総部」の手による虐殺

影佐は梅機関の晴気《はるけ》慶胤《よしたね》少佐、上海憲兵隊長の塚本誠少佐らに命じて魔都上海の暗黒部に深く潜入させた。その工作の模様を晴気自身が活写した書物が残っている[2]。

日本側の特務工作の総指揮部は「特工総部」といわれていた。特工総部は上海西部ゼスフィルド路《ロード》（極司非爾路）七十六号にあった。「七十六号」とはこの工作機関の別の呼称である。刑務所を連想させるような建物で、門扉は一面鉄製、小さなのぞき窓が一つある。周囲にはバリケード、塀の上には有刺鉄線という堅牢ぶりである。門の両側では見張りの眼が光っていた。この見張りの合図がなければ門扉は絶対に開かない。門の内側には、大型拳銃で武装した門衛が数名立哨している。四六時中重慶側の奇襲に備えているのである。相応の武装人員は常時待機していた。構内には無線通信の鉄塔や、武器修理工場もあった。独立した小別館には、上海憲兵隊本部特高課の精鋭四名が常駐していた。メンバーは渋谷芳夫准尉、長岡正夫軍曹、坂本誠伍長らであった。その目的は、特工総部と常時密接な連絡を保持することであった。激しい抗争の様子が次のように活写されている。

租界内に起った『七十六号』の猛々しいテロが、藍衣社をたたき、抗日新聞をぶっ潰していくのである。これは重慶側にとって、いい知れぬ恐怖となった。至るところでピストルが火を吐き、人が倒れた。藍衣社が射ち、『七十六号』が射たれ、『七十六号』が射ち、藍衣社が射たれた。テロ対テロの凄じい死闘であった。(3)

市街、船着場、クラブでピストルを乱射するのは日本兵や憲兵隊に指揮された「七十六号」の青幇であった。

もともと「七十六号」的なテロ、リンチは蔣介石側の手法をまねたものである。戴笠指揮下の藍衣社は国民党軍の将兵の下で租界にインテリジェンス網を築き、青幇を動員し、漢奸（対日協力者）や日本人指導者、メディアへのテロを実行していたが、日本側の勢力浸透とともに劣勢となった。

上海の青幇は日本側、蔣介石側双方に利用された。血なまぐさいテロやリンチを現場で実行するのは青幇で、日本側の将校が実際には背後で彼らを操っていた。一九三七年の南京事件に印象付けられた日本軍の暴力イメージを浮き彫りにする人物は、梅機関の実在の塚本少佐と見てよかろう。実際、塚本は戦後の回顧録で「梅華堂のメンバーとしての私の主任務は、特務工作を指導する晴気少佐を補佐し、特務工作支援に任ずる憲兵隊との連絡に当たることであった」(4)と告白している。

青幇の重要人物、女スパイ

青幇の親玉杜月笙《とげつしょう》は日本側の表、裏双方の社会で広い人脈を持っていて、恐喝、拉致、拘禁の他、カジノ、売春宿、阿片窟などの経営で巨万の富を築いていた。まさに裏社会のドン、上海を代表する闇の名士であった。しかし日本からの度重なる無理な要求に反発するようになった。また祖国愛が高まったのであろう。あるいは日本の敗北を予想したのかもしれない。香港から蔣介石側を支援する謀略工作を指示し、日米開戦後まもなく重慶に移った。

それでも杜は両陣営に股裂きとなる苦悩を背負っていた。多様な女性がテロに直接、間接に参加している。政治家であった父が南京事件を批判したがために、日本側に殺され、それをきっかけに抗日活動に入ったハーフの美女がいた。

当時、鄭蘋如《ていひんによ》の事件が上海で話題になっていた。鄭は父が上海高等法院主席検察官で、母が日本人であった。彼女がいつのまにか藍衣社に入り、七十六号の丁黙邨に近づいた。クリスマスのプレゼントをねだって彼をシベリア毛皮店に手びきした。そこには二人のピストルを持った刺客が待っていて、店頭で丁を目がけて乱射した。すんでのところで助かった丁は、まもなく鄭を上海郊外で処刑した。

梅機関に顧問として参加した犬養健《たける》はこうした女スパイの事件を語っている。

蘋如の事件があって以来、丁默邨のジェスフィールド路七十六号の本部では遅れ馳せながら女スパイの動向について綜合的な調査を行なった。その結果、重慶の方面から大勢の女スパイを計画的に上海に潜入させてある事が分った。これは汪精衛の若手の官吏に独身の者が多いという弱点をねらっているものであった。これらの女スパイには二つの冷厳な法則が命ぜられていた。機密を聞き出すか、殺すか、のどちらかである。

たとえば日曜日に汪派の青年が若い女から公園へ散歩に誘われる。白昼の公園だからというので安心して出かける。と、灌木の蔭から銃声が放たれる。青年は即死する。

また、こういう場合もある。汪派の若い官吏が、キャバレーへ女に誘われる。青年も用心して同僚を連れて行く。すると女は、偶然踊り場で学校時代の友達に出会ったと云って青年に紹介する。これが予備の女スパイだ。音楽が最高調に達した時、第三の男が予備の女スパイと踊りながら目的の青年に近づいて背中を射つ。銃口をぴったり背筋に当てたまま射つのだから音が聞えない。キャバレーのボーイは酔漢が倒れたものと思い、人波をかき分けて抱き起しに行く。突然、踊り子たちは鋭い悲鳴を放つ。倒れているのは死体であって鮮血が床に流れている。

――クリスマス・イヴにはこの手口で三人立てつづけに三ヵ所でやられている。(5)

2　日の当たる中野エリート井崎喜代太の足跡

一期生としての井崎のプライド

前章までも証言者として何度か登場したが、後方勤務要員養成所第一期生の井崎喜代太(一九一四年九月四日生れ、国学院大学卒)の軍歴を改めて見てみよう。(6)

一九三七年一月　入隊(騎兵)
一九三八年七月一日　予備陸軍少尉、中野学校入校(当時は陸軍後方勤務要員養成所、九段)
一九三九年八月　中野学校卒業
一九三九年八月～十月　参謀本部支那課
一九三九年十月　中支那派遣軍司令部付(南京)
一九四〇年三月　支那総軍上海機関付
一九四一年四月～八月　マカオ機関長

一九四一年九月～十一月　支那国立中央大学学生（南京）。聴講生
一九四一年十二月～一九四二年九月　香港機関。興亜機関長代理。四号工作
一九四二年三月二日　陸軍大尉
一九四二年九月～十一月　上海陸軍部。第十三軍
一九四二年十一月～一九四三年十月　参謀本部第八課（支那関係）
一九四三年十月～一九四四年三月　支那派遣軍蚌埠《バンプウ》機関長
一九四四年八月一日　陸軍少佐
一九四四年三月～一九四五年一月　上海陸軍部
一九四五年一月～終戦　中支那派遣軍司令部付（上海）

井崎は日本軍内では常に日向にいた工作員であった。戦局は悪化していたが、中国ではそれが急激ではなかった。彼はインテリジェンスの能力という面では中野出を代表できる人物であった。日常会話でも、文章力でも、オモテとウラの見分け方、交流法でも抜きんでた、一期生でのスターであった（八五頁に写真）。

実際、彼は参謀本部の人事考課では、一期生十八人の中で他の三人と並んで一九四四年八月に少佐に昇進している。他の十四人は大尉のままであった(7)。

前章でも述べたように、彼は在学中に教師の伊藤佐又少佐に連れられて近衛前首相に会いに行

ったことがあると自身の回想で語っている。彼は中野に在学中、同期生の中でリーダー格であったと思われ、だからこそ伊藤は彼を同行させたのであろう。ただし彼は伊藤の企てた神戸事件には当初から参与していない。

参謀総長の特別訓令を戦後も懐にする井崎は一期生としての誇りがことのほか高かった。彼は一九八〇年十月号の雑誌『歴史と人物』の同窓生座談会で創設者の秋草や東条英機大臣などに大事にされたことを後輩たちに誇らしげに語っている。

われわれのときは、専門の職員というのは三名しかいない。所長と、幹事と、係長。秋草俊大佐と、福本亀治中佐、伊藤佐又少佐です。あとは全部陸軍省とか、参謀本部、陸大の兼務者でした。養成所へは、ときには東条さん以下が視察をかねて講話にくるのですけど、講話は、軍はお前たちにこういうことを期待してるんだ、しっかり頼むぞというような話が多かった。そうした教官や視察者たちの話の端々から窺われるのは海外の単独勤務の姿です。十年も二十年も外地に土着して仕事をする。表向きの大使館付武官や駐在員は代わるけれども、お前たちは「代わらざる陰の武官」だと言われた。(8)

卒業後の井崎の活動

井崎ら同期四人が中国大陸を担当する参謀本部第七課（支那課）に配属され、越村勝治が上海、日下部一郎が北京、真井一郎が張家口に、同じ一九三九年十月に着任した。井崎は南京である。この内、井崎、日下部、真井には参謀総長から以下の訓令が与えられた。

貴官ハ主トシテ中支那ニ位置シ、約一年半ノ予定ヲ以テ研究ニ任ズベシ。

一、中支那ニオケル欧米勢力ノ浸潤状況

二、支那ニオケル秘密結社

三、支那語ノ修得

さらに「右ノ者ハ、長期ノ情報勤務要員ニツキ、ソノ大成スル如ク指導セラレタシ」との文言が付加されていたという[9]。

他の一期生にも現地への赴任前に同様な参謀総長直々の訓令が交付されたと思われる。長期に情報勤務者として赴任する一期生の活躍への期待は、参謀本部にも学校にも高かったことが分かる。この中でも井崎に対する総軍の処遇は別格であった。

防衛省図書館に残っている彼の回想では、赴任後の研究期間は一年半であったという。たしかに軍歴には一九四一年十一月まで南京の中央大学の聴講生、とある。この在学までがその期間であった。彼ほど短期間に中南支の各特務機関の要所を経験し、それぞれに機関長かそれに準じる要職に就いた中野出は珍しい[10]。

以下の岡田芳政中佐の回想は華々しい開戦前の香港工作において、岡田を井崎が補佐していることを語っている。香港工作における経費は最初支給されなかった。当時で十万円、今日の金額では何千万円に相当する金額を工面しなくてはならない。そこで青帮、法帮の連中と連絡した結果、上海、香港地区の重慶側の軍需物資を押さえる、という方法をとってみた。こうして経費を捻出することができ、また、青帮、浜帮という秘密結社との連絡がとれ、香港工作のための地盤がつくられるという幸運にめぐまれた(11)。

上海陸軍部での井崎のキャリア

参謀本部ロシア課が一九三八年に上海に派遣した小野寺信中佐は、蔣介石との和平を目指す活動を組織した。この小野寺機関は和平工作争いで、影佐の梅機関に一年ほどで敗れ、小野寺自身は上海を去った。が、支那派遣軍総司令部（総軍）は小野寺の残した陣容を基盤にした小野寺機関を一九三九年に上海機関として英米租界で存続させることにした。

井崎は謀略の中心の魔都上海でも通用する人物として、その上海機関に総軍から抜擢された。末端将校ながら重慶との和平工作の一端を担わされた。その短い間に設立されたマカオ機関の初代機関長に就任した。

南京での聴講生生活が終わるやまもなく太平洋戦争が始まると、彼は香港の興亜機関代理を務めた。そこの特務機関長は総軍第二課で謀略を指揮した主任参謀の岡田芳政中佐であった。岡田の意向に沿って、井崎は杜月笙家族の重慶送り（チ号工作）を成功させることによって、日本軍のチンパンを使った謀略に道を開いた。

さらに一年間、参謀本部第八課で中国関係の謀略に参与していた。再び彼は中国へ帰任し、蚌《バン》埠《プウ》機関長に就任した。井崎は中野学校の優等生として順調なキャリアを積んでいたが、彼の上海後期の足跡には常に岡田中佐の陰の支援があった。

なお一九四四年のリストであろうが、三笠宮と並んで井崎は上海の十三軍参謀部で「参謀」となっている[12]。彼は一九四四年八月に最初に少佐に昇進した四人の一期生の中にいた。

敗戦直後も活動

こうして席を温める暇もないほど支那派遣軍で活動した井崎にも敗戦が衝撃を与えた。しかしそれもひと時であったようだ。蔣介石は自らの陣営への日本軍の武器、兵士の治安用提供を引換条件に、他の戦地に比べて敗軍に破格の活動を許した。米軍側の戦略情報局（ＯＳＳ）の資料に、日本軍の上海地区での「上海陸軍部、登部隊参謀にして終戦前特殊工作に従事せる井崎少佐、江藤少佐（両名とも中野特殊学校〈謀略専門養成〉第一期卒業生）と連絡[13]」と名前が出ている。このＯＳＳ資料では中野学校は英文では「NAKANO SPECIAL SCHOOL」、その和訳は「中野特殊学校」となっている。

井崎が終戦直後も連合国側との交渉に出ていたことが、その資料から分かる。ここにある「江藤少佐」は同期の越村とも推測されるが、越村は終戦前に中野学校へ転じているので、上海にいたとは思われない。別の人物であろう。

中野学校の恩師福本亀治が漢口憲兵隊長時代に米軍飛行士三人の絞殺事件の責任を問われて一九四六年二月、上海で裁判を受けた際、井崎は終戦連絡業務に紛らさせて、後輩二名を連れ、福本への監獄慰問を秘かに行ったという。(14) この事例に見られるように彼の母校愛は強かった。

3　総軍第二課による中野出の管理

行き届いた中野出の人事

「校史」によれば、支那派遣軍では「歴代の総軍第二課長は、すべて課長公館を持ち、課長直接の情報、謀略工作を公館で実施した。その際、護衛役の憲兵下士官と並んで、中野出身の下士官が選ばれてその公館に居住し、課長の〝特殊工作〟の秘書的業務を担当した」という。(15)

中野卒の支那派遣軍への所属は初期と末期のごく短期間を除き全員（将校、下士官とも）が支那派遣軍総司令部付とされ、各方面軍、軍、師団あるいは機関に「総軍より配属」の形をとった。

中野出の総数は二百六十七名、うち中国での戦死者六名（後に南方に転用された者五十三名中、戦死者二十五名）、戦犯者扱いは皆無であった。[16] 他の戦地に比べ、驚くほどに低い死亡率である。

一九四一年七月卒の原田政雄（丙2）の「南京赴任から思い出の記」[17] によれば、彼は同志二十四名とともに、門司港から南京の支那派遣軍総司令部第二課付けへと赴任。司令官畑俊六大将、第二課長川本芳太郎大佐のもとで約二カ月の現地訓練、上海実習、自動車操縦等の再教育を受ける。四名が司令部に残った中で、彼自身は支那全土に派遣されていた中野学校関係者の人事・庶務・訓練等の仕事を担当したという。他の二十名は上海、杭州、長沙、広東などの工作へ配属された。

江寧部隊による占領地行政の肩代わり

「校史」その他の文献には出ていないが、「江寧部隊《こうねい》」という占領地政務担当の特務教育隊が存在していた。この部隊は特務機関本来の任務である秘密戦を掩護していた。以下は『江寧部隊史』[18] による。

江寧部隊三期生の植竹實によれば、上海特務機関には彼を含め十一名が勤務していた。また大本営直属の上海陸軍部には六名ほどいた。「このほか、上海へは三期生にはなじみの深い江寧部隊第三代学生隊長であった寺平忠輔中佐が後からやってきた。独立して某ホテルの中に機関を設け主として延安工作を推進していたがそのことは極めて印象的であった」と述べ、「われわれ江寧の仲間が上海に於いて柔弱であったはずがない」と自らの存在意義を語っている。なお梅機関、松機関、竹機関、里見機関などが工作に挺身していたようだと言いながら、戦後になって「それらの活動を暴露した読みものが多いが、かなりの部分に嘘があるようだ」とも指摘している[19]。

江寧部隊は他の占領地にない宣撫、行政を行う特別部隊であった。治安が比較的安定した華中を中心に配属された。その肩代りで部隊が駐屯する地域の特務機関は諜報、謀略に専念できた。もっともこの部隊も一九四四年に解散している。戦況悪化で占領地行政は軍事力と連携しなくては進めなくなったからであろう。なお中野出はこの部隊には見られない。

4　中国大陸での中野出の活躍場面

多様な浙号工作

一九四二年四月の空母ホーネット艦上から発進したドーリットル爆撃隊の東京空爆はパールハーバー以降の日本軍勝利に酔う日本人に不吉な予感を与えた。とりわけ不気味だったのは、爆撃後のアメリカ軍機が中国大陸に飛び去ったことであった。日本軍支配下での不時着機や降下パイロットを調べて、浙江省の国民党軍基地が利用されていることを突き止めた。あわてた日本陸軍はその基地を襲撃した。南京総軍は杭州に本部を一時的に移し、前出の梅機関の中島信一中尉

（後に大尉）が「浙号工作」の指揮をとった。その任務は次の三つであった。

(1)在支米空軍に関する情報の収集ならびに同基地に対する破壊工作
(2)重慶側の特務工作に対応する特務工作
(3)軍需物資特に桐油、タングステン、アンチモニー、木材、蛍石などの収集

上海だけが中野出の将校を長とした以外、他の分派機関はほとんどが中野出の下士官を長とし、憲兵の他、突撃総隊の十名前後の中国兵工作員で編成された。情報任務は中野出、特務工作は憲兵、軍事物資の収集は拓大出身の召集将校が担当。工作資金は偽造法幣（杉工作）を充当した。[20]

しかしアメリカ軍基地は襲撃されても、すぐに機能回復した。アメリカ側はB２９を使うようになって、中国奥地から発進し、中国内の日本軍やその基地を給油なしで空爆するだけでなく、台湾さらには日本本土を爆撃する勢いを示しだした。日本側の空軍能力は低下する一方となった。一九四四年になると、制空権がアメリカ側に握られるようになった。「大陸打通作戦」は北支と南支の鉄道沿線を途切れなく支配することを目標に展開されたが、それはその沿線にある連合軍側の主要空軍基地を攻略することを主目的としていた。

飛行場襲撃の「槍作戦」

北支那派遣軍に所属する第一軍は山西省太原に司令部があったが、中国共産党のメッカ延安とその八路軍の勢力に対抗する一方、南部では国民党軍とも厳しく対峙していた。「校史」によれ

ば、一九四四年十一月に西安飛行場の爆破工作を実行した。大型輸送機二機が炎上した。[21] 乙Ⅰ長の臼井栄一は自ら創設した軍直属機関「一号機関」に田中勲（乙Ⅱ長）、大嶋健二朗（6丙）、鈴木節三（3戊）、関口政二（6戊）、服部二郎（俣2）の中野出を参加させた「槍工作」を指導した。その成功により軍から栄誉を与えられた。

その一号機関のさらなる分派機関である桜機関では、①諜者の派遣、②敵側諜者の逆利用（二重諜者）、③帰来民調査、④商人の利用、⑤文書収集、⑥謀略工作隊といった幅広い活動を実施した。[22] 次頁は筆者がアメリカ公文書館で見つけた臼井発行の当時の通行証である。

第一軍と並んで第十一軍でも一九四四年「槍工作」を実行した。立山郁夫（乙Ⅰ長）が約二十人の中国人を選抜、訓練した。缶詰型爆弾、焼夷弾の使用法、目標の設定、攻撃要領、偽蹁潜行法を教えた。

工作隊は二名を一組とし、一基地へ二組を派遣することとし、建甌へは南昌、衡陽へは岳州、芷江へは沙市と、それぞれわが軍第一戦から、現地師団の情報参謀の極秘の支援の下に、四月それぞれ投入潜行させた。各工作隊の携行資材は、各人とも一発宛の鑵詰型爆弾と焼夷弾で、いずれも密輸商人に変装させ、その携行商品の中に隠匿、工作の実施時期は概ね五月下旬頃と指示されていた。（中略）「槍工作」の成果らしい事実は、衡陽攻略直後の八月中旬、俘虜および住民から聞いた。それは五月の末頃だったというが、衡陽市内にあった空軍専用クラブで、

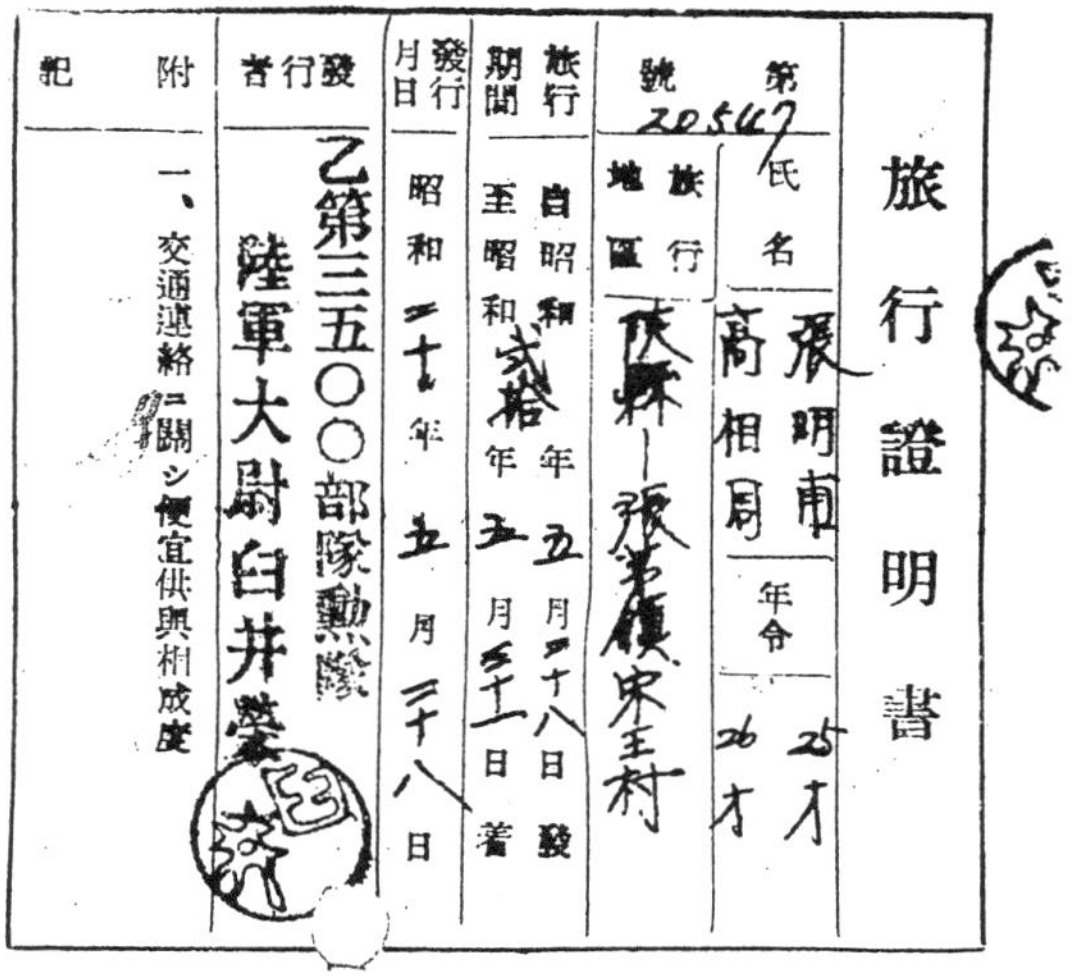
旅行證明書

第 20547 號

氏名	年令
張明甫	25才
高相周	26才

旅行地區　陵縣—張[illegible]鎮宋王村

旅行期間　自昭和弐拾年五月二十八日發　至昭和弐拾年五月三十一日着

發行月日　昭和二十年五月二十八日

發行者　乙第三五〇〇部隊勲隊　陸軍大尉臼井榮

附記　一、交通連絡ニ關シ便宜供與相成度

臼井栄一発行の通行証（アメリカ国立公文書館）

夜九時頃に爆弾が投げこまれ、十数名の死傷者を出した事件があり、それ以来、空軍関係者の市街地の夜間外出が禁止されたという。[23]

日下部一郎、中野後輩を北京に呼ぶ

井崎の同期生の日下部一郎は北支那方面軍司令部付へ配属され、「六条公館」の第二課長本郷忠夫大佐から北支経済封鎖の現地調査を命じられた。さらに出発前に中野学校の福本亀治中佐に、卒業生をもっとよこせとの手紙を書くよう頼まれた。二カ月後、現地調査から帰ってみると、新任少尉となった中野二期生九名が新たに赴任してきていた。さらに翌年には、第三期生が二十名、やはり中野学校で教育された特務下士官十名が送られてきて、実に四十名をこえる中野出身者が北支の地に集まることになった。[24] 彼らが関東軍情報部を支えるようになる。

5　捕虜体験者渡部冨美男の極限的行動

戦後の記憶から

渡部冨美男（乙Ⅱ短）は一九四六年五月十九日、大陸の各地から集結するおびただしい数の元

日本兵でごったがえす南京日僑収容所のバラック建ての一角に呼び出された。共産軍との内戦に勝つために、蔣介石は旧日本軍の戦力や武器の利用を図っていた。一時的に旧日本軍の活動も許していた。彼は貴州省鎮遠を中心に行ってきた蔣介石軍側日本兵捕虜の集団による反戦活動のリーダー格として、日本軍に戦中から実名を把握され、監視されていたからであろう。

「君は何故、生きて帰って来たのだ？」

と、元支那派遣軍総司令部の参謀数人から開口一番、尋問された。その時の記憶が正確と思われるのは、その参謀について野尻中佐、南少佐と実名を挙げていることから分かる。実際当時の総軍人名録には野尻徳雄中佐の名が出ている（南は不明）。

以下は彼の自伝『千里の道』[25]、と「重慶国民政府地域の日本人反戦兵士へのインタビュー」[26]に依拠してまとめた。

元参謀と反戦捕虜の論戦

野尻元参謀たちはその場で軍刀こそ吊っていなかったが、参謀肩章だけは見せびらかしていた。傍に書記官らしい男が、彼の発言を記録していた。

渡部「あなたは現に参謀肩章をつけていらっしゃるが、あなたも無条件降伏をし、武装解除された捕虜ではないか！　あなたが切腹しないで生きているのと、私が生きて帰って来たのとど

れほどの違いがあるのですか？　私に対して、なぜ生きて帰って来たのかと尋問する資格があなたにありますか？（中略）

捕虜になって、どれほど苦しみ悩んだか。責任を誰にも転嫁することができず、この身ひとつを責めて責めて責め抜いて苦しんだ孤独の日々。生きることが卑怯か。死ぬことが勇気か。参謀、あなたに分かってもらえますか？」

無条件降伏して九カ月の過ぎた今も、参謀肩章を吊って威高げに尋問する参謀たちに私の気持ちなど分かるものか、との渡部の反論である。「反戦活動を正しいと思うか」との問いに対しては、こう答えている。

渡部「正しいと思う。戦争には勝たねばならぬ。かつての私はそう信じていた。だからこそ、危険な任務に自らを投げ込んで後悔はしなかった。（中略）

しかし、今違う。私は死んだ。自殺した。死ぬことによって私は祖国日本に対する私の責任を果たしたつもりでいます。反戦運動は生まれ変わった私の本心でしたものです」

それは国賊ではないのか、恥ずかしくないのか、との問いには、渡部「国賊と言われるでしょう。間違った侵略戦争をすることに反対して闘う者が国賊なのか、間違った侵略戦争をする者が国賊なのか、国を滅ぼすような戦争をする者こそ国賊です。（中略）

今までの人生は泥にまみれ傷だらけになって歩き続けて来ました。しかし、残りの人生は自由と解放のために微力を尽くしたいと考えています」

と答えている。渡部の反発、反論は正当といえた。

渡部の履歴と中野学校観

自伝『千里の道』の奥付の「著者略歴」には「一九一八年姫路生まれ。康徳学院卒業後、姫路第三十九連隊入隊。仙台陸軍教導学校、中野学校を経て、中国・南京の支那派遣軍総司令部参謀部に赴任するが捕虜となり、様々な経験をする。戦後は平和を願い、反戦活動に励んできた」とあり、陸軍中野学校から「陸軍」を意識的に抜いている。これは捕虜になってから反戦思想をいだき、戦後も平和運動を続けたイデオロギーによると思われる。

自伝執筆時には、なるべく陸軍中野学校の経歴を記憶から抹殺したいとする姿勢である。彼は中野時代の同期生や生活についてほとんど語っていない。唯一出るのは同期の島田孝夫（乙Ⅱ短）のことで、それも一九七九年での偶然の文通による再会であった。その箇所の記述では、最初の出会いは仙台陸軍予備士官学校と書いた後、「第二回目にお会いしたのは、陸軍通信研究所（陸軍中野学校）に於いてであった」[27]と記している。

しかし渡部は中野学校を全て否定したわけではなかった。研究者菊池一隆からインタビューを受けた際、中野学校を、００７の映画を連想するような「スパイ学校」とするのは的外れで、中国に奥深く入って、吉田松陰の心がけを伝えるのを使命としていると反論している[28]。彼が捕虜になるまでは、中野創設期の創設者の理念を、松陰の骨を埋めながら維新を実行しようとする姿勢と共振させていたことが分かる。

捕虜になる前の彼の存在は、「校史」にある乙Ⅱ短の名簿と、そして松機関[29]のところで確認できる。乙Ⅱ短は一九四一年七月に卒業であるから、南京の総軍での訓練を経て、同年の末には南京総軍第二課に配属された。そのとき上海で彼は二期先輩の井崎と出会ったことはたしかであろう。

渡部少尉の上海時代

渡部が松機関に就いたのは二十三歳頃で、太平洋戦争が始まったばかりの一九四二年初めと推測される。渡部は上海時代の行動を詳細に『千里の道』に記録に残している。

松機関の事務所の光景を描いた部分は渡部の仕事の分担を示すだけでなく、商社という名を騙った謀略機関の一面を鋭く描いている。

上海の欧嘉路に、松林堂の看板を掲げた貿易商社があり、そこの社員（偽名・林）として勤務していた。綿花と茶の商売が主な仕事で、五、六人の社員がいたが出張が多く、全員が顔を合わせるようなことはなかった。出張先は華中、華南方面が多いようだった。

松林堂は一方でM機関（松機関）として、軍の仕事をやっていた。機関長は支那派遣軍総司令部第二課の岡本（ママ、岡田）参謀中佐で、陸軍大学校出の秀才。中華民国駐在員として北京・南京・広東に執務し、とくに東南アジアの華僑研究の造詣が深かった。社長は坂上（阪田誠盛――引用者）という商社社長の貫禄十分の男で、岡本参謀の右腕となっていた。

出張から帰って来た社員は、現地の女や酒の話はしても、仕事の話は一切しなかった。お互いに相手の素性を詮索することもなかった。宿舎は揚樹浦に在り、周辺はユダヤ人が沢山住んでいた。商社から宿舎に帰る途中には日本軍の警戒線があって、軍人以外の者は歩哨の身体検査を受けなければ通過できない。背広姿の林もこの身体検査は受けて通過していた(30)。

一九四一年か一九四二年のある日、めずらしく岡田参謀が商社に顔を出し、汪精衛政府の情報将校の王仲伯中校を紹介された。今日から王の部隊の仕事に就け、という命令だった。渡部は蘇州にいた汪軍第十師の拠点呉家埠（地名）への鉄道、海上輸送を苦心の末、成功させた。蔣介石軍の妨害を受けながら進行する汪精衛軍の清郷活動に日本軍将校として応援する使命に共感し、王との友情も高まった。

この任務で彼の運命が暗転した。一九四一年十二月二十五日寧波へ行く船中で、王とその部下と三人でウトウトしていると、蔣介石軍の便衣隊にモーゼル銃を突き付けられ三人とも下船させられた。そして国民党の捕虜収容所のある貴州省鎮遠まで連行された。ほぼ徒歩で、三カ月くらいかけての苦行だった。

王とは連行される途中に引き離され、日本兵捕虜の収容舎に投げ込まれると、途端に自責の念に襲われた。捕虜になって、生き恥をさらしているという苦しみ、みじめさ。仲間に青酸カリを求め自殺を試みたが、それは毒薬でないことをあとで知らされた。一九四三年の夏、鹿地亘のリードする反戦派に入り、次第に活動家として表に出て、天皇制などへの批判活動を強めた。やがて日本軍のインテリジェンス網にその反戦活動が把握され、南京の総軍のブラックリストに入ったらしい。

終戦となり釈放され、帰国の途に就いた。生存帰還者は三百六十一名、捕虜収容で死亡した者は二百九十七名――多くの捕虜仲間が飢餓や病気で亡くなったことが分かる。四川省から一カ月かけて南京にたどり着いた。そこで、前述のとおり元参謀から厳しい尋問を受けた。総軍では最初は渡部の行方をつかめなかったが、一九四三年あたりから彼の所在とその行動を把握するようになった。前述の彼の参謀への反論が論理的であったのは、収容所での右派との論争で鍛えられたからであろう。

(1)山本武利『朝日新聞の中国侵略』文藝春秋、二〇一一年
(2)晴気慶胤『謀略の上海』亜東書房、一九五一年
(3)(2)と同じ、一一五頁
(4)塚本誠『或る情報将校の記録』非売品、一九七一年、二四一頁
(5)犬養健『揚子江は今も流れている』文藝春秋新社、一九六〇年
(6)「防衛ニ関スル回想聴取録――井崎喜代太陸軍少佐回想」一九六一年七月二十五日、中央軍事行政その他九五、防衛省図書館所蔵による。一部分『陸軍将校実役停年名簿』一九四四年版参照。
(7)前掲『陸軍将校実役停年名簿』参照
(8)「『中野』の教育と信条」『歴史と人物』、一九八〇年十月号、中央公論社、六五頁
(9)校史三一一―二頁
(10)(6)と同じ
(11)「岡田芳政の香港工作(回想)――一九三九年十月~一九四一年末まで」一九六九年、防衛省図書館、文庫、依託四五三
(12)C13110175800
(13)OSS資料 Captain NAGAMURA RG226 Entry182 A Box8 Folder64
(14)井崎「上海米軍軍事法廷に於ける漢口事件」福本亀治「回想録」一九八二年、四〇―五一頁
(15)校史三一〇頁
(16)校史二八〇―二八三頁
(17)『陸軍中野学校丙種第二期生の記録』「丙二期生の記録」編集委員会、一九八九年、一五三頁
(18)江寧部隊史刊行世話人会編『江寧部隊史』江寧部隊史刊行事務局、一九九六年
(19)前掲『江寧部隊史』一六七―一六八頁
(20)井崎喜代太『日中和平工作の系譜――諸交渉の全経緯』創造書房、一九九〇年、一一一頁
(21)校史三〇七頁

(22) 校史三〇五—七頁
(23) 校史三二五頁
(24) 前掲『決定版 陸軍中野学校実録』一〇六—九頁
(25) 渡部富美男『千里の道』神戸新聞総合出版センター、二〇〇八年
(26) 菊池一隆『日本人反戦兵士と日中戦争——重慶国民政府地域の捕虜収容所と関連させて』御茶の水書房、二〇〇三年所収
(27) 前掲『千里の道』一八二頁
(28) 前掲『千里の道』三一五頁
(29) 前掲『千里の道』三一四頁
(30) 前掲『千里の道』一四頁

第六章

昆明に見る中国人女性スパイ工作

本章では、前章に引き続き中国大陸の秘密活動を追っていきたい。米国を中心として連合軍の戦時の情報活動に視点を移していこう。米国の公文書として、軍が当時の状況をリポートしたものが残っている。

1　戦争末期の日本対米中情報戦

OSSの組織変更と昆明への進出

ＣＩＡの前身であるＯＳＳ（戦略諜報局）は蔣介石軍の秘密機関と米海軍が提携したＳＡＣＯ（中米合作社）に加わって工作を行っていたが、アメリカや中国のもろもろのインテリジェンス機関相互のセクショナリズムで効率のよい作戦が遂行できなかった。結局、ＯＳＳはドノバン長官の時代にＳＡＣＯを離れ、アメリカ空軍と協定したＡＧＦＲＴＳ（**Air Ground Forces Resources Technical Staff**、在中アメリカ空挺部隊・ＯＳＳ連合諜報工作隊）を結成し、それを基盤に中国戦線で活動しはじめた。一九四五年一月ころである。これを機にＯＳＳはＳＡＣＯ本部のある重慶からアメリカ第十四空挺部隊のいる昆明に本部を移した。独立した地対空の情報作戦協力やＭＯ（モラール工作隊）活動を行い、次第にその比重を高めて行った。

ＭＯはデマ拡散、ブラック・ラジオ（日本側が放送しているように偽装したＯＳＳ側のラジオ）や似せの印刷物の散布である。その印刷物には和平交渉に上海に来た馬上の秩父宮の写真入りのビラや東郷元帥の切手があった[1]。

ＯＳＳがＳＡＣＯと手を分かち、昆明で独自のＭＯ活動を開始した頃、日本軍は膠着した中国戦線を打開しようと、華北から広東、香港までの鉄道沿線をとぎれることなく支配する〝大陸打通作戦（一号作戦）〟を展開していた。実際、日本軍は広西省の桂林、柳州を占領し、昆明にも進出する勢いを見せていた。

一方で中国軍は、制空権を握ったアメリカ空軍に援護されたものの、損害は大きかった。ＯＳＳは昆明の郊外に本部を構え、華南各地の中国軍の支援を本格化しだした。ＭＯ活動のためのラジオ送信所や施設も急ぎ設置された。桂林などの前線にもＯＳＳの活動を支える送受信施設がつくられた[1]。

日本軍の四川侵攻作戦

一号作戦で一九四四年十一月にはどうにか桂林・柳州支配を成し遂げた。桂林の飛行場からの台湾、日本へのB29機の爆撃を阻止することも一号作戦の目的の一つであった。中国軍が徹底破壊して撤退した桂林、柳州の飛行場の復旧に日本軍は全力を尽くしながら、昆明などへの進撃を行おうとしていた。

一九四五年に入り、支那派遣軍総司令部の次なる攻勢として、岡村寧次司令官は重慶と成都を目指す四川侵攻作戦を実行に移しだした。彼の積年の持論は「重慶を攻略せずして日中戦争の終結はない」であった。[2] 援蔣ルートの終点である雲南省の昆明の陥落も岡村の目標となった。援蔣ルートの打破と中国本土全域の制覇の夢が現実化すると彼は考えた。[3] 岡村らは一九四四年、桂林攻略成功の秘訣の一つは攻略前に浸透させたインテリジェンス作戦との認識があったと思われる。それを担った特務機関の手法を評価したのであろう。

しかしアメリカ空軍は日本軍に破壊され、占領された桂林、柳州両航空基地に代わるものとして、芷江飛行場の強化、老河口飛行場の拡張整備を行って戦略態勢を強化していた。[4]

日本側攻勢への米軍の分析――広東発、日本側スパイチーム（リポートI）

陸軍諜報部（G2）作成の一九四五年「華南での日本のスパイ活動」[5] をまず紹介したい。[6]

日本軍は米国物資の獲得に躍起となって、密輸ルートを開拓してきた。重慶軍と日本軍の前線ならびにその周辺での情報や物資の交流は盛んであると見る。一九四四年一月の報告では、日本側の秘密ラジオ局が昆明や桂林の近郊で活動している。捕虜となった日本軍将校の自供では米軍の暗号も中国軍の暗号も解読したという。

広東では一九四三年八月に日本軍のスパイ学校ができた。香港でも遠藤という日本人が同様な学校を作り、三十人のインド人と若干の中国人情報提供者を抱えている。同校は中国経由でインド、仏印、ビルマに卒業生を送ろうとしているというが、中野出が関係しているかどうかは分からない。

広東には特務機関の地域本部がある。保安隊や憲兵隊がそれに連携している。各特務機関は中国傀儡軍の訓練も行う。それを束ねる者は当時、広東特務機関長とか香港総督府総務部長であった矢崎勘十中将である。

一九四三年十二月三十日のリポートでは、憲兵隊が男女のスパイグループを結成した。多数の香港の女工が訓練に集められた。彼女らは六つのグループに分けられ、さらにそれぞれが小グループに細分されている。多くのグループが近隣エリアに送られ、連合軍の情報を探している。それぞれのスパイは洋服ボタンの色で区別されている。

香港のスパイ組織はまだ把握できていないが、広東本部の管轄下にあると見ている。多数の中国人避難民が桂林で集められている。その多くは日本軍のスパイであると思われる。広州からの一九四三年四月十四日のリポートでは、同地で若い女性を米陸軍航空隊の高官の情報収集に特化させたスパイに仕立てている。

敵のマレー侵略を分析した英国の日本専門家によれば、その第五列（あらかじめ敵中に潜入している工作者）の破壊部隊の活動が日本軍にいる中国人によって推進され、英軍の崩壊に効果的な役割を果たした。これらの中国人は南京の汪軍に所属していた。しかし彼らは日本軍の政治謀略には関与するが、直接的な陰謀の行使は避けている。中国では、特別警察、秘密警察を含めた真に日本に忠誠を誓うスパイは、満州国人、特にその比較的若い連中から構成されている。彼らは日本軍に訓練され、教化されている。一九四〇年に瀋陽郊外に十五歳から二十歳の中国人を対象とした破壊専門学校が日本人の手によってつくられたらしいが、真偽のほどは分からないという。

同じく真偽は分からないが、南支の日本軍が破壊工作員をパラシュートで昆明に落下させて、米軍パイロットを暗殺したり、占領地域から自由中国へ米軍向け毒薬を密輸したりするという情報がある。一九四三年九月二十日付けのUP電では、米軍十四航空隊の高官を暗殺するために重慶に送られた日本人スパイの話が出ている。

以上のように日本軍が南支の米軍施設へのインテリジェンス攻撃のための準備に怠りないことを、米軍は様々なソースから把握していた。

女性スパイの詳細（リポートⅡ）

一九四四年十一月十六日付けのＡＧＦＲＴＳの大尉の報告である。[7] ここでは七名のキャバレーガールの実名をあげ、彼女らのファイルデータを分析している。

この内いく人かは陸軍航空隊員への売春を行っている。ある者は上流階級出身を騙って都市の上層部の中国役人との面識をえようとしていた。リリー・チャン（陳麗梨）は香港のキャバレーのダンサーであったが、開戦三カ月後にマカオから広東へと移ったのち、またマカオに舞い戻った。その際ダイヤのリングをはめていた。毎夜、シオノイという日本人とつき合って散財させていたが、今度は広東へ向かった。ライ・チュン・チャン（陳麗珍）は上海語をしゃべる。マカオでは日本人の相手が数人いたが、広東では日本人の仲間に入っていなかった。彼女が一番親しいのはライ・シャクという二十三歳の銀行家であった。ところが彼は彼女を残して柳州から桂林に移動した。（他の五人の分析は省略）

一九四四年四月一日までに彼女たち七人はいずれも日本軍のスパイであった。日本軍はこれらのキャバレーガールを香港から連れ出し、秘かに汽車に乗せ、柳江、桂林、クーコンで情報収集にあたらせた。彼女らは軍当局との接触では成果はなかったが、国民政府の高官とは親密となった。第七軍はいく人かの女性を逮捕し、数日間留置した。しかし証拠不十分として釈放され、元の仕事に就いた。彼女らは高官の圧力ですぐに前科や容疑を消された。彼女らの内、投獄された者はいない。

各地で摘発される日本側女性スパイ、少年スパイ（リポートⅢ）

一九四五年二月二十一日付き米陸軍ＣＩＣリポートの「スパイ」[8]の箇所には、以下の事項が記されている。まず西安の中国空軍リポートとして二千人の日本軍スパイが自由中国（中国軍支配区）向けに動き出したという。また別のＣＩＣリポートでは、四百人が日本軍スパイや破壊工作者として西安に控えている。

昆明の中国当局が捕まえた中国人女性は、香港の米諜報機関の職員に敵が送り込んだ米軍活動情報を探るスパイであった。彼女は中国側に処刑された。別の女性も同じ容疑で昆明で監視されていた。敵のスパイが米軍の通訳職を求めてアモイから自由中国へ入ろうと努力していた。日本人に教化されたと思しき中国人売春婦が、桂林空港近くのホテルでアメリカ人に軍事に関する質問をしているところが観察された。別の中国人も昆明の米海軍兵員について尋ねているところを米軍憲兵に逮捕された。

十三歳の少年が空襲下に米軍の空港を偵察しているところを逮捕された。その少年が言うには、彼は敵のスパイと一緒に、タイパンチャオと重慶に送り込まれた。彼らの目的は駐機中の米機を手投げ弾などで襲撃したり、米兵を殺害したり、あるいは米軍の水槽に毒薬を入れたりすることである。少年は中国当局に逮捕された。ただし中国側はその少年の供述の信憑性を裏付けていないという。

ＯＳＳ防諜部の工作員のリポート[9]によれば、日本側が五人の若い中国人女性をインテリジェンス目的に利用しているとのこと。彼女らの名前、変装、使命はつかめた。その工作が成功すれば、次には彼女たちを携帯ラジオ持参で潜入させようと、日本軍は計画しているらしい。

民間人を装ったスパイ（リポートⅣ）

一九四五年三月十三日付け「日本軍の便衣スパイ[10]」は一九四四年の便衣兵の実態を探ったＯＳＳ、十四空軍、ＡＧＦＲＴＳなどの各種リポートを集約したものである。便衣兵とは、一般市民と同じ私服や民族服などを着用して、民間人になりすまし活動する軍人のことである。

東部中国での日本軍便衣兵は数千に上るが、それは日本軍兵士や傀儡軍兵から構成され、日本軍によってスパイや破壊活動の特別訓練を受けている。その任務は中国軍の敵後方にパニックを起こし、中国軍の施設を破壊し、通信線を遮断し、連合軍将校を暗殺し、米軍の情報を日本側に知らせることである。中には女性も含まれていて、訓練されたキャバレーガールのようである。

一九四四年の広東では、便衣兵は情報を矢崎中将に送っている。桂林、柳州などでは米兵を射殺した便衣兵には、一件に付き千五百～二千ドルの特別報奨金が与えられる。

満州事変以降、日本軍の情報将校土肥原賢二大佐はこの便衣兵システムを考案し、成果を上げた。この種の部隊に動員される階層は以下の者である。

一、傀儡政府と結びつく田舎の地主、政治家
二、小金を持ち、日本人から金をもらい、住民から強奪するならず者
三、米などの物資をストックし、日本軍に売りつける商人、密輸業者
四、日本人にいいポストをあてがわれて飛びつく敗軍の将校、地方の警察官
五、戦闘情報を集め、デマを流す苦力、行商人、占い
六、便衣や武器を調達、手配する低い身分の役人
七、強力な武器集団となってストライキや騒乱を起こすギャングや匪賊

売春婦をスパイにした日本軍（リポートV）

「日本軍によるスパイとしての売春婦の利用[11]」という資料はOSSの中国支部のインテリジェンス調査隊が作成したものである。同じ文章が海軍関係の資料にも転載、保存されているので、米軍内で評価されたOSSのみならず米軍の包括的な調査リポートと言ってよかろう。以下、この概要を紹介したい。

一九四四年十一月初旬、中国軍は多くのスパイの存在を昆明で確認した。彼女らスパイは公然と中国語で日本軍と電話接触している。中国当局が意図的に出した新聞情報のほとんどはそのまま日本側に伝えられる。新聞発表以上に踏み込んだ情報を流すと、そのスパイは中国当局に逮捕され、闇で処刑される。中国資料を盗もうとした三人のダンサーが処刑された。

また中国当局によれば、十一月中にインドシナ、タイ、ビルマ人の二百人の女性も、スパイ目的で日本人によって昆明地区に送り込まれた。別のかなり信頼できる中国情報筋の報告では、百人の訓練された日本軍スパイが昆明に入った。

彼女たちのスパイ目標は米空軍関係をさぐることで、以下のように多岐にわたっている。

一、第十四空軍部隊の将兵の住み家。空襲中での散開場所
二、基地でのパイロットの住み処
三、基地での将校の所在
四、米軍将校の給与
五、空軍での陸軍要員の数
六、十四空軍の下士官の宿舎
七、米軍兵士の飲み屋
八、米軍兵士の昆明での女性接触場所
九、昆明での空軍防衛計画
十、昆明米軍司令部の他の戦場との連絡法
十一、昆明での対空方式、その司令塔の所在、対空砲の種類
十二、戦闘部門の対応法

これらの活動を担うのは、大半が日本軍によって、中国東部でリクルートされ、訓練された女

性である。中野学校や中野出はそれに無関係であったようだ。日本人は香港、広東、その他の沿岸都市のキャバレーから魅力あるダンサーを引き抜き、スパイ工作員として訓練を施す。中には元映画スターもいた。自由中国に入るや否や、ある者はプロの売春婦、別の者は米国や中国の軍人、地方中国公務員のめかけや側室となった。

一九四四年四月一日現在のリポートによれば、日本軍が香港のキャバレーから連れ出し訓練をほどこした女スパイ十人は、柳州、桂林などに派遣された。彼女らの幾人かは陸軍航空隊向けの売春婦となり、別の者は上流家庭出身のふりをして、中国人高官と知り合いとなるように仕向けられた。

アニタ・ウオンは元ダンサー、自由中国に来るやしばらく売春をしていたが、その後はずっと情報活動のためアメリカ兵とつき合った。さらに将校や中国人公務員とも知り合い、中国空軍司令部に仕事を得たという。

有名なスパイはスサン・スーである。桂林でスパイグループを束ねているのを摘発され、中国当局に逮捕、射殺された。

ほかに香港の映画女優だったウオン・アンは、昆明で多数の軍人や中国銀行のオーナーと付き合い親しくなっていた。中国当局に逮捕されたときに、釈放に口をきいてもらうためである。夫と桂林へきたが、夫は中国筋に逮捕され処刑された。その後アメリカ人や中国人に売春している。

中国当局は彼女らが日本側の監視下にあることを知っている。自由中国ではまともな職にありつけないので、金を得るために売春をする。しかし売春だけではもうからないので、スパイで金を稼ごうとする。

2　日本側資料からの女性スパイの傍証

中野出によるスパイ女性ルートの開拓

以上米軍側の五つのリポートを見てきたが、こんどはこれらを補強する日本側資料を点検することにしたい。

日本軍は桂林では、作戦前に女性スパイを米空軍基地周辺に投入して、Ｂ２９の日本爆撃の情報を事前に入手していた。中野出の鈴木泰隆（３乙）は一九四四年末から四五年にかけ香港興亜機関に派遣された。この機関の仕事はこの頃、諜報一本に絞られ、重慶、昆明、貴陽、桂林などに固定のスパイを配置し、奥地に潜入するスパイも派遣していたという。そのようにして軍や政治の情報をさぐった。その頃強化されつつあったビルマ方面の援蔣ルートや、サイパンと桂林を発進基地として跳梁し始めたＢ２９の移動情報をさぐった。彼はこの工作を「私の大陸諜報戦記[12]」として戦後公表した。

これは、私の赴任前のことだが、桂林の米軍将校クラブに潜入させてあった固定諜者（女性）からの的確なB29の移動情報が、日本軍の桂林占領によって、以後、ぷっつりと途絶えてしまったのは、なんとも皮肉な結果だった。

ちなみに、この情報の伝達ルートは、暗号を秘密インキで認《したた》めたものを、桂林—澳門《マカオ》の定期航空便の操縦士（前記女性スパイの兄）が、澳門まで持って来て、それをまたすぐ香港へ転送する、といった手順になっていた。

市内各所のビルに、それぞれ数カ所の部屋を借り、架空の標札をかけ、それぞれの諜者たちとの連絡場所にあてていた。連絡は、きわめて隠密を要した。当の諜者たちにとって、日本軍のために働くのは、まさに命がけだったからだ。

興亜機関には機関長をはじめ分派機関派遣員（仁上、金子、福田、菱谷）として、中野学校出身の勤務者が多くいた(13)。

興亜機関機関長（広州・仁上少佐）
- 曲江派遣員（金子大尉）
- 三埠派遣員（橋本大尉）
- 汕頭派遣員（福田中尉）

├厦門派遣員（菱谷中尉）
└雷州派遣員（中川少尉）

この資料は国民政府軍が作成したものである。

ここの初代所長が、中野一期生井崎喜代太であった。その後任には仁上繁三少佐（乙Ⅰ短）が就いた。その下部機関には金子陸奥三中尉（乙Ⅱ短）、福田友太（5丙）、菱谷誠治（6丙）と中野出が名を連ねた。こうした中野同窓のよしみできわどい工作の連携、機密の交換をスムースに行っていたことが推測される。なおこの表にある橋本大尉、中川少尉はフルネームをつかめないし、中野卒かどうかも分からない。

桂林で味をしめた彼ら中野出の将校は、昆明や成都などにも同様な女性スパイの投入を考えた。人気女優や有名ダンサーの情報は連合軍当局によく把握されていた（リポートⅡ）。戦争で閑散としたキャバレーや映画界の女性を口説き、奥地に向けて送るルートを開拓、整備していった。抵抗する女性には、家族への脅迫というおどしをかけた。日本軍では離反防止策として、汪軍部隊の上級幹部たちの家族を特務機関で押さえておくのが土肥原以降の常套手段だった(14)(15)。

香港からのスパイ候補の女性たちの脱出には、そこに出入するベテラン女性がガイドとして使われたようである。英情報機関はその動きをリポートしていた。

SIS（引用者注・MI6）は香港の日本の工作員と疑われる人物たちについて報告した。そのひとりは毎週軍用列車で広東に行く身元不明の女性で、「ときに、たいていは若い女性たちを同伴していて」、情報源は彼女を「広東の日本人によってスパイ目的で訓練されている」ものと考えていた[16]。

その工作員や女性たちの服装、風情から彼女たちは歓楽街関係者であることがすぐに分かったし、そのような目立つグループの横行が連合国側工作員の目に留まり、尾行されるようになったことが分かる。

売春とスパイと……日本軍の管理体制

日本側工作員は桂林侵攻直前に、女性スパイを米軍とともに桂林から脱出させた。連合軍の桂林撤退に便乗してこの女性たちも柳州、貴楊経由昆明、成都へ向かったが、日本軍は見て見ぬふりをしたのだ。彼女らの情報もあって、占領目的の達成に期待を膨らませた。

そこで昆明などに向けてより大規模な工作を行いだした。以前はリポートIにあるように女工を訓練してスパイ活動をやらせていたが、彼女らには観察力が不足していた。目標の米兵に接近するには、英語力はもちろんのこと、セックスアピールも欠かせないことが分かった。そこで不景気に悩む香港、マカオ、広東の歓楽街、映画界から多数の魅力ある女性群を探し出して訓練し、日本軍の便衣隊に潜らせたり、日本軍支配地域を個人で通過できるように日本軍の通行証を発行したりした。

リポートⅤにあるように、売春で将兵に接したり同居したりして、米軍情報を得るようにすすめた。米国人は敵に価値ある情報をしゃべるのでバカである、英国人も同様との彼女たちからの報告も入った。英語を話す女性は売春で仲良くなった軍人に取り入り、秘書等の軍の仕事に就いていたことも確認できた。

得た情報は電話で日本側の中国人に、あるいは日本側に直接送るシステムができていた。彼女らの送る情報は選別され、個人の能力が査定された。米軍兵士の毒殺も奨励されていた（リポートⅣ）。男には空港破壊などの活動が奨励された（リポートⅢ）。

ハニートラップで成績の上がらない女性スパイは、売春のみで稼業するか、他の地区であらたな収入を求めざるを得なかった。日本軍占領地にいる彼女らの家族が日本軍に監視、人質にされているため、勝手に「任地」を離れたり、「任務」を放棄したりすることはできなかった。彼女たちには泣き寝入りする者が多かったようである（リポートⅤ）。日本軍の監視のもとで現場では中国人女性（素人スパイ＋慰安婦）のハニートラップを汪軍兵士ややくざが支援、監視するシステムができてきた。ポン引きを持っている者が多いが、それをもたない者には日本側の援護システムが補完した。日本軍に勢いがあるときには、危険性を覚悟しつつも工作に加担する女性群が増加した。

ただし現場での女性の行動はかなり自由裁量が可能であった。慰安婦につきものの人身売買的な締め付けはあまりなかったようである。

土肥原工作と中野出の位置

前出の日本側情報将校、土肥原賢二の工作は以下のような段階を踏んで行われた（リポートⅣ）。

	工作の種類	実行者
第一段階	スパイ＋デマ＋サボタージュ	中国人
第二段階	謀略	日本人＋中国人
第三段階	作戦	日本人

ソ連は土肥原賢二を「極東《（ママ）》のローレンス」と呼び、彼の履歴をよく調べていた。「支那、満洲、西蔵、蒙古、新疆等に散在する日本の全スパイは悉く彼の統制下に活躍するに至つた。彼は自ら時々支那を長期に亘り旅行して各地のスパイを指導し各地に於て政治的軍事的牽制運動を行つて居た[17]」

米軍は「満州のローレンス」である土肥原賢二の開発した戦術・戦略が南西中国で実行されたことに以前から気付き、警戒を強めていた。前出のリポートⅣから分かるように、米軍側は日本側の手法が土肥原流であると認識した。日本軍の便衣隊は後方の本隊司令部の指揮を受けて昆明、成都に近づく。司令部には中野出の将校が詰めており、彼女たちから送られる情報を整理、分析し広州、上海や日本へ送り、新たな指令を前線に発する。一九四四年の一号作戦の軍費では中野出身者が深く関わった偽造中国紙幣で賄った。(18)

湘桂作戦では「法幣オンリーの地区であったため、作戦間の日本軍の戦費は主としてこの法幣を充当し、大いに作戦に寄与した」という。(19)作戦を担当する第五十八師団長に栄転途中で、中野学校校長時代にはいつも生徒の前には苦虫をかんだような顔しか示さなかった川俣雄人は元生徒の粟田口重男(2乙)からにせ札をホテルの密室で〝閣下、これが中野学校教育の一つの成果であります〟とプレゼントされ、それを承知の上でニコッと受け取った。(20)

制空権喪失後の日本軍に残された最後のインテリジェンス工作が中国人女性スパイの大量動員であったと言っても過言ではなかった。

米軍はなぜ昆明を重視したのか

作家の鹿地亘《かじわたる》は戦中に重慶に渡り、国民党政府の承認のもと日本兵捕虜を反戦兵士として再教育することで、蔣介石、国民党を支援していた。

日本軍が桂林を席巻し、ついでまた芷江をめがけて進撃し、先鋒が貴州省境に入ったとき、国民党側は恐怖をひきおこした。貴陽から重慶へふみこまれるのではないかという噂さえ飛んだ。[21]

前出のIからVのリポートが示すように、日本軍は昆明・成都の米十四航空隊、将校へのインテリジェンス工作、次なる侵攻地点の可能性（特に空軍関係の空襲・破壊工作）を想定して、その防止に躍起となっていた。何よりも昆明は援蔣ルートの終点であった。アメリカ側はせっかく長年かけて構築し、一九四五年一月にやっと完成した昆明の拠点は死守せねばならないとの危機感があった。

第六章　文献

（1）山本武利『ブラック・プロパガンダ』岩波書店、二〇〇二年、第五章参照
（2）森金千秋『湘桂作戦』図書出版社、一九八一年、二五一頁
（3）船木繁『支那派遣軍総司令官岡村寧次大将』河出書房新社、一九八四年、三二七頁
（4）防衛庁防衛研修所戦史室『昭和二十年の支那派遣軍1』戦史叢書、朝雲新聞社、一九七一年、四三三頁
（5）Japanese Espionage in South China, RG226E154B93F173
（6）山本武利編『第2次世界大戦期日本の諜報機関分析』柏書房、二〇〇〇年、第4巻　中国編1、二三三―二四二頁には別の資料番号のものを収録しているが、内容は同じである。
（7）LT. ARTHUR M.THURSTON, USNR; CHAN LAI CHUN, CHAN LILY, SHIU FEI, LEUNG CHOI CHU, MAN MIUKUEN, CHEUNG LAI LIN; Use of Chinese Girls as Espionage Agents by the Japanese Intelligence, 1944.11.16 RG226 Entry182 B0X5F39

（8）CIC, China Theater Counter Intelligence Monthly Summary Number 1 RG165E79"P"File BOX457
CICはCOUNTER INTELLIGENCE CORPの略称で、対敵諜報部という。世界的に展開するアメリカ陸軍の諜報部隊である。

（9）Operational Report from 1200 Thursday 3 August to 1200 Thursday 9 August 1945.8.9 RG226 Entry 99 Box69

（10）Japanese Plainclothes Agents, RG226E182B4F41

（11）Use of Prostitutes by Japanese as Espionage Agents. 一九四五年三月二十日（ＯＳＳ）中国防諜部のリポート（ＯＳＳ関係）RG226E173B9F74、海軍関係 RG38 Oriental B

（12）『丸』別冊十八、潮書房、一九九一年

（13）「中日戦争華南日徳間諜活動内幕」RG226 E182 BOX26F39. 前掲山本『第２次世界大戦期日本の諜報機関分析』第４巻、二七七頁所収

（14）鹿地亘編『日本人民反戦同盟闘争資料』同成社、一九八二年、一六五頁

（15）山本武利『日本のインテリジェンス工作』新曜社、二〇一六年、七一頁参照

（16）キース・ジェフリー、髙山祥子訳『ＭＩ６秘録――イギリス秘密情報部１９０９―１９４９（下）』筑摩書房、二〇一三年、三〇〇頁

（17）「日本スパイ」ソ連共産党機関誌『ボリシエウイク』六月一日号、『外事警察報』第百八十二號、一九三七年

（18）岡田芳政「中国紙幣偽造事件の全貌」『歴史と人物』一九八〇年十月号、中央公論社、四九頁

（19）山本憲蔵『陸軍贋幣作戦』（発行）現代史出版会（発売）徳間書店、一九八四年、一三二頁

（20）山本憲蔵、前掲書、一三七―一三八頁

（21）鹿地亘『日本兵士の反戦運動』同成社、一九八二年、三三六頁

第七章
関東軍情報部の対ソ工作の苦闘

近代日本のインテリジェンス活動の主目的の一つに対ロシア・ソ連があった。日本は日露戦争の勝利の後も気を緩めなかった。ロシア帝国の崩壊後に出現したソ連への軍事介入であったシベリア出兵では、国際世論の批判を考慮して撤退したが、新生社会主義国家に対しインテリジェンス面で敵国であることを常に念頭においていた。

本章では、対ソインテリジェンス工作、特務機関に中野学校がどうかかわっていたのか、という点に着目して見ていきたい。

1　ハルビン特務機関の情報部隊への変身

満州の隣国・ソ連への工作

昭和初期、満州に日本の傀儡国家を樹立したことは陸続きのソ連との対峙を強めた。満州に流入するソ連側のインテリジェンス工作には神経過敏にならざるを得なかった。

当時の陸軍参謀本部ロシア課で対ソ作戦を練った林三郎は中野創立期にはソ連大使館付武官補佐官をしていて直接関係していないが、戦時期にはロシア課長をつとめて、中野出の満州での活動を把握する立場にあった。対ソインテリジェンス工作では以下のような努力目標を設定し、実行していたという。[1]

①極東正面では、関東軍の情報機関を主体とし、それに朝鮮軍、北部軍、支那派遣軍の各情報機関を密接に連携させた。

②その他の正面ではソ連に隣接する諸国に殆ど例外なく陸軍武官を配置した。なお、ソ連に隣接しない諸国に駐在する陸軍武官に対しても、できる範囲で対ソ情報を収集するよう参謀次

長から注意が与えられていた。

③情報収集に関する各種手段のうち、文書諜報と科学諜報をもっとも重視したので、それら組織の能率化には最大の関心を払った。そのうち文書諜報の組織については、各地の軍司令部は小さな特務機関などでも、一人や二人の少人数で文書諜報をやろうとする傾向が強かったが、小さな組織の設立を極力避け、東京とハルビンに大きな組織をもち、それをたえず充実強化するようにした。

④組織の機能を十分に発揮させるため、情報勤務者に対する教育を特に重視した。参謀本部、関東軍、その他の軍司令部主催の対ソ情報勤務者の会合を奨励し、その機会に情報主任者の識見の向上をはかった。そしてそれと共に、情報勤務者の頻繁な交代を極力避けるように人事当局には絶えず連絡していた。

なお、情報勤務者要員の教育機関としては、いわゆる中野学校が最も重要なものであったが、そのほか通訳要員養成のため、露語教育隊を設けて主として下士官、兵に対するロシヤ語教育を行った。中野学校及び露語教育隊出身者はよく働き到る処で好評のようであった。

⑤われわれは軍事情報を主とすべきであるとの考え方を確立するに努めた。とかく陸大出の情報勤務者は動的なキワモノ情報に興味をもちすぎ、また頻繁に無意味な情報判断をやり勝ちであったが、そのようなハデなことを避け地味な調査に専念するよう留意した。だから政治、経済など軍事以外の調査は出来るだけ部外の対ソ調査機関に依頼した。

①にあるように、特務機関や支部、分派機関という名称の情報機関を満州国境や満州国内の要地に着々と設置した（次頁の図）。ソ連側でも数次の五カ年計画を遂行する際、それによって得た国力をシベリア国境への警備態勢の強化に投入した。国境に師団を派遣し、トーチカ（機関銃や大砲を備えたコンクリート製のスパイ監視所、ゲリラ侵入防止所）を設置した。満州東部側から日本の息のかかった朝鮮系スパイが侵入するのを防止するため、朝鮮民族数十万をカザフスタンなど中央アジアへ根こそぎ強制移住という荒療治さえも敢行した。それでもロシア革命を契機に満州へ流入し続ける反ソを偽装した白系ロシア人やソ連軍脱走兵といったソ連側のスパイ活動はとどまることはなかった。年々大規模、巧妙になっていた。

関東軍情報部はあらゆる情報と経験値を動員して、日本陸軍の特務機関としては史上空前の布陣を敷き、満州国内とシベリア国境でソ連諜報機関と対峙するようになった。ソ満国境には常に静謐（無用な刺激を与えないこと）と一触即発の緊張感が漂っていた。

「哈特」との省略名称（別称）を持つハルビン特務機関は一九四〇年に関東軍情報部となり、対ソだけでなく、対満、対蒙さらには対中（蔣介石、毛沢東）と八方に目を注がねばならない軍隊機能を持った総合インテリジェンス機関の任務を負うこととなった。

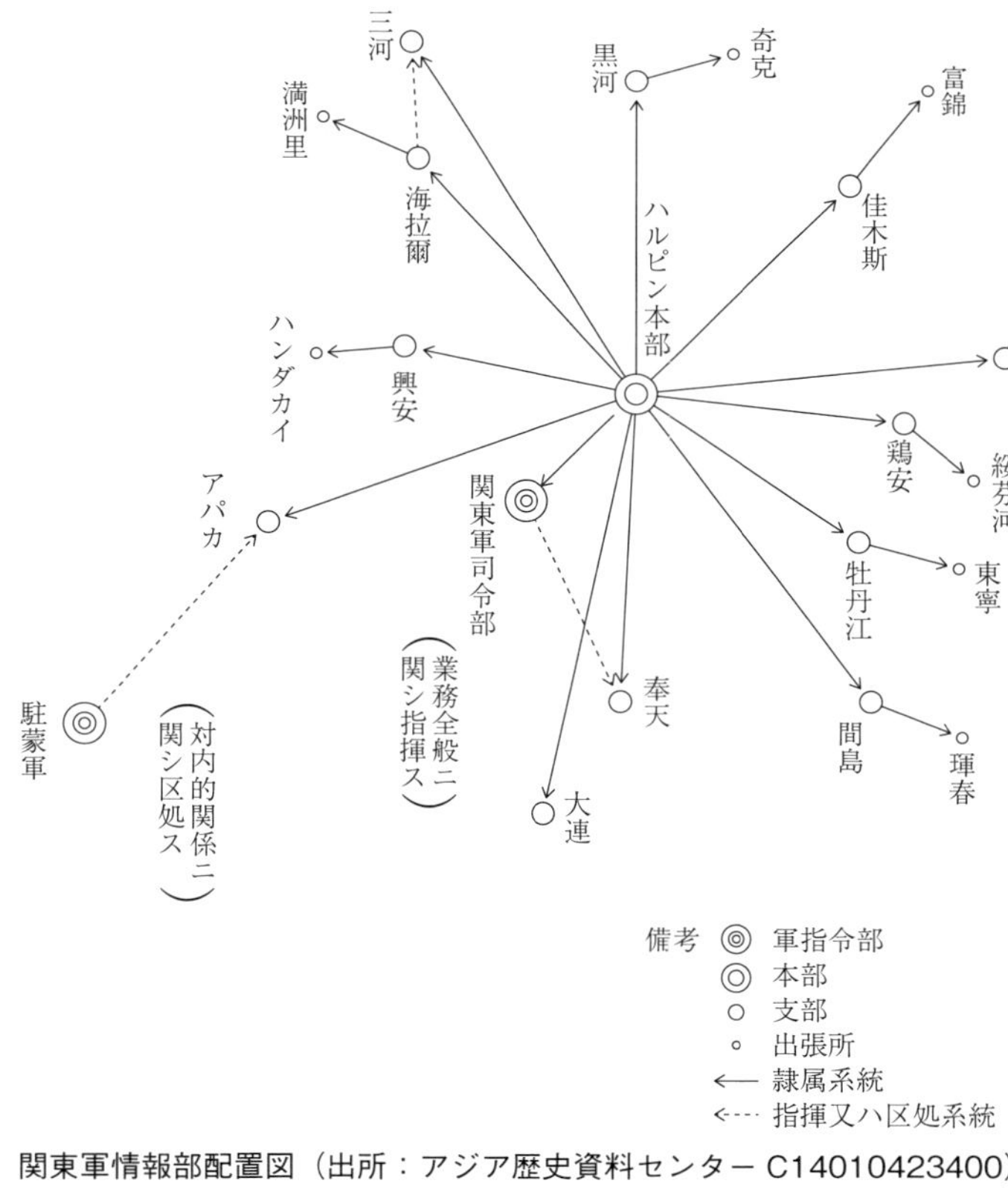

関東軍情報部配置図（出所：アジア歴史資料センター C14010423400）

関東軍情報部略歴

関東軍情報部がどのような布陣でどういった活動を行っていたのか、主な情報活動の記録がアジア歴史資料センターに残っている。記録の始まりには昭和七（一九三二）年四月、ハルビンに特務機関設置、とある。昭和十四（一九三九）年には、「戦場情報隊」を編成し「ノモンハン」事件に参加したとの記録もある。

注目すべきは昭和二十（一九四五）年八月九日の対ソ開戦時の組織図である。ハルビン本部の布陣として、少将に、中野学校創設者の一人秋草俊の名前がある。その秋草の配下として、引地武志大尉（乙Ⅱ短）、飯島良雄少佐（乙Ⅰ短）が中野出身者として名を連ねている。また、語学教育隊として佐藤久憲大尉（乙Ⅰ短）、阿巴戛《アパカ》支部に木村功一少佐（2乙）も中野出身者である。以下、この略歴に沿って、関東軍の動向を詳しく見ていこう。(2)

ハルビン特務機関が情報部本部へ

一九三八年には張鼓峰で日ソ両軍が衝突する事件が発生した。その際は迅速な双方の外交で停戦がなされた。

張鼓峰事件後も長い国境線では小競り合いが絶えなかった。一九三九年五月、ノモンハンでの衝突は大規模な戦争に発展した。関東軍はこのノモンハン事件でソ連の機械化部隊などに完敗し

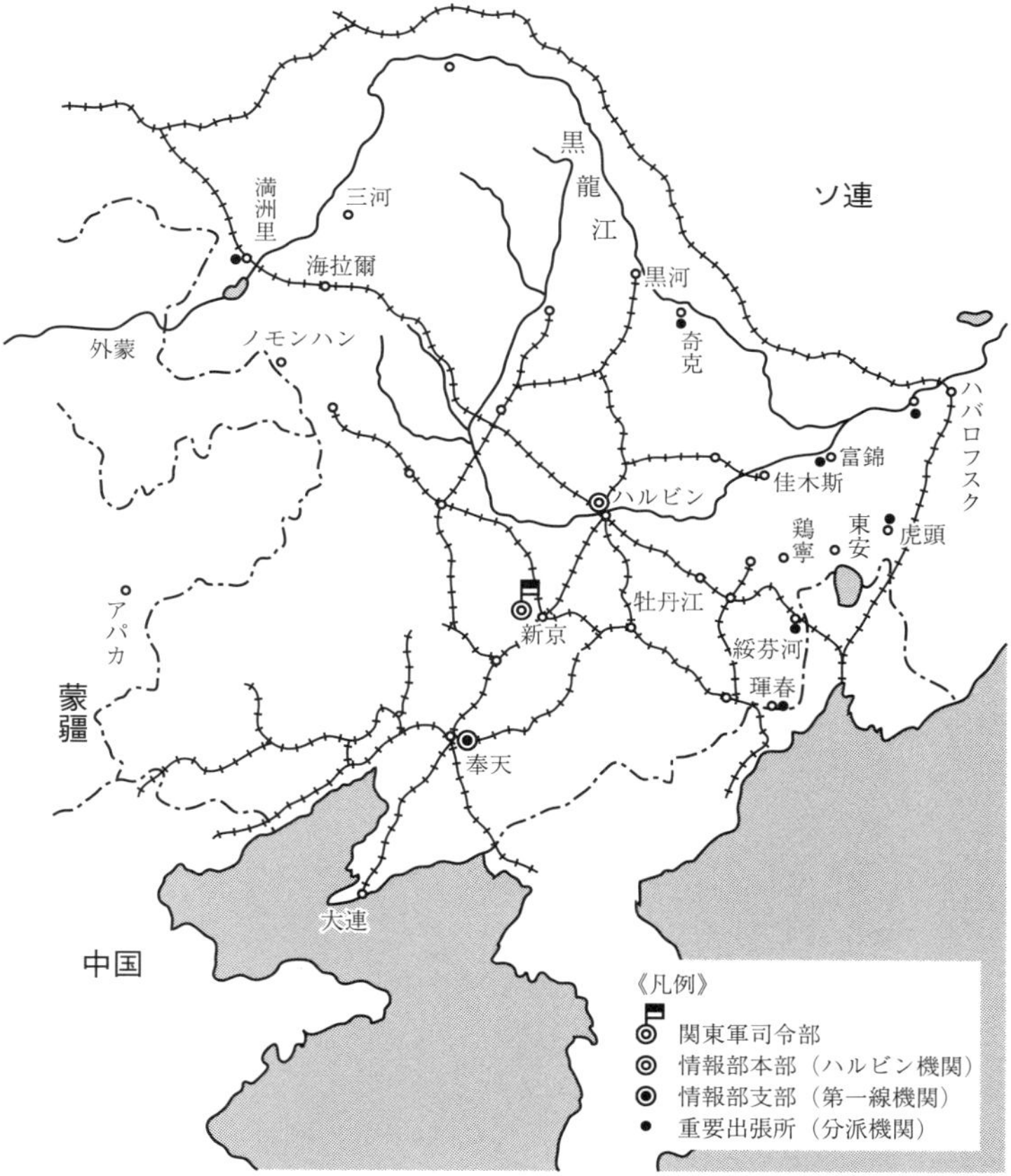

日華事変末期の頃の概見図（1939～1940 年当時、西原征夫『全記録ハルビン特務機関』を参考に作成）

柳田元三（写真提供・雑誌「丸」）

た。日本側はその敗因は準備不足による無謀な作戦面にあったとしつつも、インテリジェンス面での機動性不足にあることも自認した。前出の林三郎の指摘⑤にあるように、作戦部門が情報部門から提供される敵情報に十分の信頼を置かず、乏しい情報資料を基礎として独断的判断を下し、作戦を計画する傾向があったことを認めた。しかしそれ以上に情報部門の関東軍参謀部第二課の提供する情報資料に十分な権威の無かったことも大きな原因であるとして反省した。

関東軍は新京の参謀部第二課で、情報管理面だけでなく人事経理等もすべて担任処理していたため、各特務機関の掌握統制は必ずしも徹底できなかった。

一九四〇年（昭和十五）八月、改編により関東軍情報部が創設され、ハルビン特務機関は情報部本部となった。各特務機関の収集した情報は関東軍参謀部第二課ではなく、関東軍情報部へと集中管理され、各特務機関は諜報謀略等の準備実施について情報部長の統制指導を受けることとなった。柳田元三が初代の部長となった。

さらに画期的だったのは、新生情報部は作戦面での権限を附与されたことであった。一九四〇年八月一日付けの関東軍司令官梅津美治郎から柳田元三関東軍情報部長への関東軍情報部業務命令では「関東軍情報部ハ対「ソ」戦争ヲ顧慮シ戦争及作戦指導並ニ作戦準備上ノ要求ヲ充足スルコトヲ第一義トシ其業務ヲ実施スヘシ」と記している。(3)

つまり「軍隊でない特殊機関」に過ぎなかった従来の特務機関を脱却し、対ソ戦争に限定されるものの「作戦指導」と「作戦準備」を行う権限を持つ陸軍最初の「情報部隊」に格上げされた。ノモンハン事件に見られた情報と作戦の乖離を克服し、作戦面を含めた迅速性、多方面性、高機動性、総合性を具備して情報戦を担える新型情報機関の誕生となった。

前述のとおり、中野出がこのハルビンの情報部に数多く採用された。改革前、つまりノモンハン事件の時期に陸軍中野学校を卒業した一期生のうち、岡本道雄、宮川正之、亀山六蔵、猪俣甚弥、渡部辰伊、扇貞雄が一旦東京の参謀本部ロシア課に配属され、数カ月の研修を経てハルビンに送られた。続いて卒業した乙Iの新卒者も陸続と満州の特務機関に多数配属となった。

林メモの④にあるように中野出が、ハルビンにおけるロシア語教育部隊(345部隊)や関東軍情報部教育隊(471部隊)の活動を担い、作戦部門の増強に寄与した。

関東軍情報部の組織

大連、延吉(間島)、牡丹江、東安、佳木斯《ジャムス》、黒河、海拉爾《ハイラル》、三河、興安(王爺廟)などは、それぞれ、情報部支部となって、本部に完全に隷属した。

情報部が編制化された時、蒙彊の阿巴戛《アパカ》に特務機関が出来て、関東軍情報部の隷下支部に入ったため、ハルビン本部の管轄地域は、全満州及び関東州のほか、内蒙まで及ぶこととなった(4)。北京では茂川、日高、坂西機関、中支では松井、影佐機関と呼ばれるような個人名を冠した機関があり、それぞれ特徴的な活動をしていたが、満州ではそのような機関は皆無であった。

関東軍情報部全体を統括する情報部長、すなわちハルビン特務機関長を務めたのは以下の人物である。

柳田元三　一九四〇年八月一日―一九四三年三月十一日

土居明夫　一九四三年三月十一日―一九四五年二月一日

秋草俊　一九四五年二月一日―一九四五年八月十五日

柳田、土居は東欧・ソ連や満州に滞在したことのあるエリート情報将校である。とくに土居はソ連大使館付武官や参謀本部ロシア課長の経歴があり、中野学校創立にもかなり助言・関与していたという。

中野出身者の活躍①／原田統吉のケース

関東軍情報部には、前出のとおり中野学校出身者が確認できる。原田統吉（乙Ⅰ長）と山本嘉彦（乙Ⅰ短）の自伝で彼らの足跡を覗いてみたい。両者ともにまだ誕生まもない時期の関東軍情報部でなく新京の関東軍司令部参謀部第二課の方へ配属され、任務地へ派遣されていた。

原田は一九三五年に大阪外国語学校（現大阪大学外国語学部）を卒業し、一九三八年に応召した。一九三九年十一月から一九四〇年十一月までの一年間中野学校に在学した。新京に挨拶したときの上司は中野学校で「ロシア事情」を講義していた甲谷《こうたに》悦雄中佐であった。原田は本属を隠して牡丹江警察部分室（特務警察）に配属され、インテリジェンスのエリートとして、「後方の安全地帯で手を汚さずに指導する」(5)立場となった。まもなく原田の部下となった現場の日本人捜査官がソ連のスパイを拷問する場面を見て、原田はショックを受ける。

「私は、世にも凄惨で酷烈な風景の前に立っていた」と原田はいう。拷問場所は三方を石造りの建物で囲まれ外界と遮断されていた。身動きが出来かねる狭い空間に膝を曲げ、首を曲げて、半裸に近い一人の男が息も絶え絶えにうずくまっていた。激しい肉体の責苦があったのだろう。「彼は絶えず、小刻《きざみ》に震えつづけている。ぼろをまとっている、というより、すでに彼そのものがぼろっ布《き》れなのである。私は思わず目をそむけようとし、あやうく踏みとどまるのである」(6)

勤務当初の日記の一部にはこんなことを書いていた。

今日もまた拷問を見た。これが、秘密戦の「戦」という言葉の意味であろうか。——問題は俺にそれが耐えられるかということである。少なくとも「やらなければやられる」という運命の下で、やられることを覚悟したもの以外に、この悪魔の所業・拷問を正当化できるものはないはずだ。俺に耐えられるか？(7)

まもなく原田はその環境に慣れ、日本側が捕えたソ連スパイを逆スパイとしてシベリアへ投入する任務を懸命に遂行するようになった。その後奉天市警察局でも身分を隠した特務業務を行った。満州政府で現地雇用された満州人や日本人を内面指導する立場にもあった。一九四四年からは内陸部チタ領事館やシベリア鉄道沿線で諜報活動。原田が中野を卒業して満州へ赴任する時、参謀本部第八課班長として武田功大佐は送別の宴を設けてくれただけでなく、満州でも関東軍司令部参謀部第二課長として部下の彼の行動を陰から温かく見守って、支援していたという。中野ネットワークができていたのだ。なお原田は終戦まで軍服を着ることがなかった。彼は創立期に秋草が理想としていた独立勤務の工作員であったが、全体の卒業者の中では珍しい存在であった。

中野出身者の活躍②／山本嘉彦のケース

山本嘉彦は一九三九年三月に予備士官学校を卒業、岐阜歩兵六十八連隊に勤務した。乙Ⅰ長の原田と同じ時期、中野学校に在学したが、山本は乙Ⅰ短であった。原田、山本が関東軍司令部参謀部第二課の軍情班で同期として名を連ねている。[8] だが乙Ⅰでも長期と短期とは交流が禁じられていた。したがって在学中は相互に面識はなかったのだろう。

山本は卒業後、一九四三年十月まで満州勤務し、一九四三年十二月からはニューギニア戦線で活動した。甲谷悦雄中佐に最初に新京で迎えられたことは山本の自伝である『追憶』[9]に出ている。

「関東軍司令部付として新京へ赴任し、東亜通信調査会へ出向を命ぜられた」。山本はソ連軍の電報を傍受解読する東亜通信調査会に身分を隠して満州電電の社員として勤務した。「赴任に当たっては軍人と見なされるような一切の身の回り品の携行を厳禁され、協和会服を着用し、鞄一ケ持って赴任」した。東亜通信調査会には関東軍参謀部第二課から「特種の情報教育を経た情報将校(陸軍中野学校卒業者)」一名を身分を秘匿して配置していた[10]。

山本は「ソ連関係では参謀本部第五課、関東軍司令部参謀部第二課及び駐ソ大使館付武官室勤務というのが花道[11]」と夢見て、優秀なエリートとしてインテリジェンス工作の道を歩んでいた。ソ連軍から一日二千通もの「石鹸送れ」、「タバコ送れ」といった受信電文があり、それらは無価値として捨て置かれていた。それをなんとか情報として役立てたいと考え、「通信系別、地域別に分類して大量観察する」、つまり現代風に言えばビッグデータとしてソ連軍情報を解析するというアイディアを出し、実行したところ部長に評価された[12]。

ソ連人スパイを使っての諜報活動でも成果を上げたらしい。一九四二年、武田功大佐に呼ばれて、チタ、ブラゴエシチェンスクへのクリエール(伝書使)の体験もした。

しかし初期の中野出に期待された一匹オオカミのようなインテリジェンス行動は次第に許されなくなった。彼も遊撃戦を指導する将校への変身を迫られた。実際、彼が送られた西部ニューギニアの戦地は多くの中野出が戦死する死地であったが、第二軍情報班情報主任や豪州放送の傍受などの任務を無事こなした。

以上の二人のケースを見れば、関東軍情報部の改革初期のころは、中野出を参謀本部ロシア課や関東軍第二課が支援していたことが分かる。しかし個々の工作はあくまでも個人の秘密行動であったので、卒業後も同期生のあいだで相互の情報交換はほとんどなかった。それぞれの行動は決して交わらない双曲線であった。

両者ともにハルビンの関東軍情報部の統制のもとで、動く駒となったことが分かる。彼らは当初関東軍司令部の甲谷中佐、後は武田課長の指示で工作を行う厳しい活動のなかで独自に経験を積み、自立、孤立した秘密工作員として巣立ち始めたようである。

2 中野出身者の満州全土への配置

関特演と情報部

一九四一年六月に独ソ戦が始まると、ソ連戦必至と見た日本軍はその準備に、演習という名目で関東軍の兵力を倍増し、七十万の部隊を満州各地に動員した。それは「関特演」(関東軍特種演習)と呼ばれた。この関特演は南進策の採用で中止されたが、関東軍によるインテリジェンス

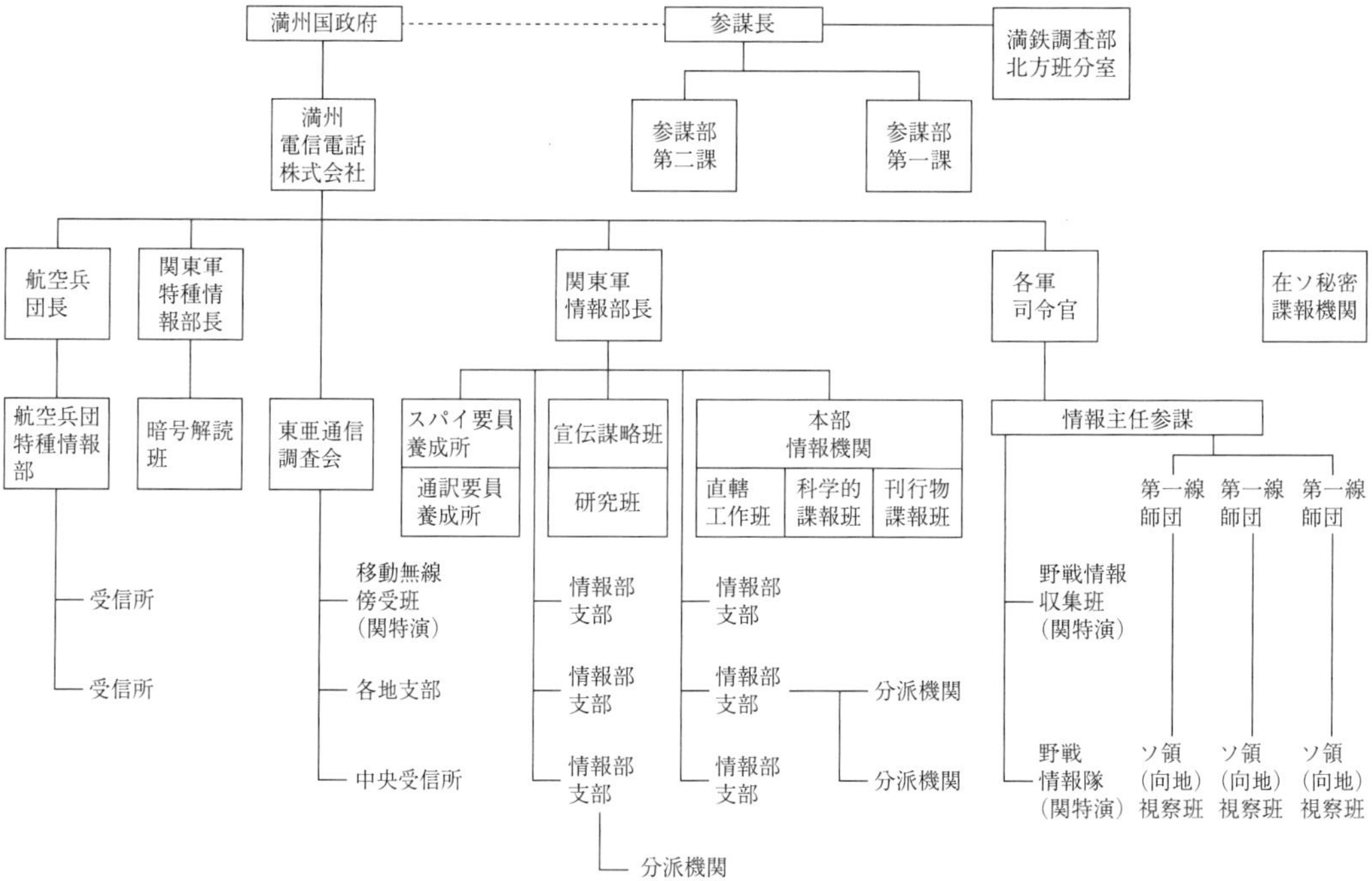

関東軍情報組織一覧表（1941 年 8 月頃）C13010230300

工作も拡大し、よりシステマティックに推進される契機となった。

関特演の発動とともにハルビン特務機関も情報部として作戦即応態勢に入るため、各部門にわたり拡充強化が行われ、中野出も大量投入された。主な活動は次の通りである。

①関東軍第一野戦情報隊（初代隊長猪俣甚弥大尉・一期）から第八野戦情報隊（初代隊長渡部辰伊大尉・一期）の編成。
②浅野部隊の漠河展開（江島毅・乙Ⅰ長・戦死）。
③関東軍情報部特殊通信隊（隊長猪俣大尉・一期）を創設。
④情報本部直轄の在ソ永続的諜報拠点の設置工作活動。各支部は短距離派遣諜者、本部は長距離、長期間の派遣諜者の構想。
⑤特攻挺身隊（陸上および河川）の編成（威力謀略部隊）。
⑥第一線各支部の強化。
⑦ソ連領よりの越境逃亡者調査の組織強化。
⑧諜報、防諜組織の強化。[13]

ハルビンの関東軍情報部が自立し、関東軍の支配地域の各段階の特務機関を一元的に統括するセンターとなったことが分かる。参謀本部から中野学校へ乙種Ⅱ期卒業生を充てるよう依頼があったが、関東軍司令部よりも関東軍情報部の人員が多くなっていること、末端支部要員である「施策要員」への増配がなされていることが分かる。

時局関係部隊ニ人員増加配分ノ件照会

昭和十六年年七月二十一日[14]

中野学校昭和十六年度乙種学生から充当

	諜略要員	情報並ニ占領地施策要員
関東軍司令部付	四	六
関東軍情報部付	七	三四
支那派遣軍総司令部	九	二〇
駐蒙軍司令部付	二	三
北部軍司令部付	三	五
大本営陸軍部付	十四	五

これと同時に中野学校では、乙種短期学生百十八名、長期学生四十六名の採用が決裁されている。丙種学生は八十名となる。[15] 戦争切迫とともに現地とくに満州からの強い需要に応える学校側の増員体制が固まってきた。太平洋戦争開始とともに学生は北方班（ロシア語）、中国班（中国語）だけでなく南方班（英語、マレー語）への需要が高まった。満州ではこのような需給関係の

なかで現場への派遣が重点的になされた。『全記録ハルビン特務機関――関東軍情報部の軌跡』[16]には、各機関への中野出の記載が目につきだす。

間島―一九四一年以降、縦横の手腕を発揮したのは、馬場嘉光、江角力の両大尉（いずれも中野出、江角大尉は終戦前通化に転出）であった。[17]

牡丹江―住田景保少佐（2乙）、日高利通大尉（乙Ⅰ短）、成田繁獣医大尉（乙Ⅱ短）（いずれも中野出、日高・成田両名は終戦時は他に転出）、大塚芳二郎中尉の面々。[18]

綏芬河―終戦時の綏芬河出張所長は新井三郎大尉（乙Ⅰ短）、東寧は野村金慧大尉（乙Ⅱ短）（いずれも中野出）であり、前者は入ソ後消息を断ち、状況不明である。[19]

三河―ここに特務機関が置かれたのは一九三五年二月頃で、初代山本敏少佐に依って開設され、翌一九三六年四月には鈴木勇雄大尉がバトンを承けた。爾来、入村松一少佐を経て、蟹江元少佐の時代となり、その中葉の頃にハイラル支部の出張所となって、さらに飯島良雄大尉（中野出）に及び、譲尾巧大尉（乙Ⅱ短）（中野出）の時に終止符が打たれた。[20]

情報部本部―防諜主任者として満内に於ける逆用諜報工作に従うと共に、憲兵・保安局との交渉並びに防諜情報の収集整理に従事し、その手腕を発揮したのは、前に近藤毅夫少佐があり、後に至って斎藤富七少佐（乙Ⅰ短）、児玉政一郎大尉（乙Ⅱ短）（共に中野出）両官があった。[21]

満州国軍の浅野部隊にも中野出が進出

一九三六年末、ソ連打倒に燃える白系ロシア人のソ連戦への共同動員訓練が満州国軍と関東軍とで本格化した。その中核の浅野部隊に配属される中野出も目立った。川原衛門『関東軍謀略部隊』によれば、浅野節部隊長は陸軍幼年学校出で、岡村中尉は満州軍官学校出であったが、その他の日系将校の半数が中野出であった。[22] 浅野部隊での中野出の活動については、田口喜八（丙2）の「中野学校卒業後の足跡」[23]で見てみよう。

田口は中野新卒の仲間四人とハルビンの関東軍情報部の本部応接室で待機していると、浅野部隊で活躍していた村田武経少佐（中野1甲）が現れた。彼から一時間程任務や任地等の概要を聞くと、いよいよ俺達の出番が来たと感じたという。任地は満州最北部のソ連との最前線である。

任地に出発迄一週間程あり所要の準備に忙しかった。特に新京の関東軍総司令部の第二課に行った時、参謀幕僚達と一緒に会食の時は自分達の任務の重大さを痛感した。準備も終って任地に出発の前日だったか、遺髪、遺書等機関本部に残して任地（漠河）に出発する。任地の漠河は黒河の上流にあって、国境警察本隊があり、村田少佐以下我々五名は（安斉曹長、田口曹長、上東曹長、畠中曹長）、国境警察隊員に身分を秘匿して本隊に勤務する（中略）浅野部隊の特別挺身隊の進出に支障なき様、兵器弾薬糧食、其の他の軍需要品等の集積の任に当っていたが、開戦と同時に我々も浅野部隊の挺身隊と行動を共にするのが任務であった。

小平田証言によるダブルスパイの実相

ハルビン特務機関は一九四一年十月、前田瑞穂中佐以下若干名でとりあえず東安特務機関の出張所として鶏寧に特務機関を新設した。越境逃亡者調査とその他諜報活動を目的としていた。中野学校出身者は将校一名下士官一名で、小平田清造がその下士官であった。一九四二年一月東安特務機関から独立し鶏寧特務機関支部となった。情報としてはソ連軍逃亡者から軍事施設、兵要地誌経済状況等の調査をするとともに、ピストン諜者（満ソ国境を往復するダブルスパイ）を利用し情報の収集に当った。

ピストン諜者は主に満州人で、アヘン中毒者が多かった。アヘンを報酬とすることで行動し、任務を遂行してくれる。とはいえ相手方も彼を利用するので、いかに当方の情報を少なく与えて、先方の新ニュースを多く収得できるか、両者の知能くらべとなった。諜者をできるだけ可愛いがり、彼の要望を聞き入れ待遇をよくしてやることも多かった。

教育した諜者を派遣投入するには、一週間分位の個型食糧を携行し、国境へ夜間行動ですので、星と磁石をたよりに国境線まで同行し目的地へ投入する。帰りを待つこと二日ないし三日、その間国境山中にて待機するのです。待機が大変です。昼間の行動は出来ず、火を炊いて煙を出すことは出来ず冬こもりの穴熊と同様です。昼夜を問わず蚊とぶよに攻撃される。隠忍して彼の帰りを待つのであります。期日に帰省しないときは涙を飲んで引上げる。二ヶ月か三ヶ月して姿を表はすことがあります。敵に逮捕されて調べられて教育を受け、指令をもらって帰って来たのですから、彼を隔離して調査するのであります。

ソ満国境の我が方は国境線から四粁程後方に警備隊監視所はありましたが、ソ連側は国境線に要所要所に監視所がありその監視所と監視所とを時間毎に歩哨兵が巡視していました。

工作としては白系ロシヤ人、満人を十数名の集団教育、後方撹乱戦のため寝食を共にして同居生活して教育にあたっていました。(24)

731部隊、保護院と秋草所長

一九四二年二月ハルビン市公署の管轄であったハルビン保護院が情報部に移った。そこにはソ連から来た逃亡兵、スパイや亡命者、中国内の抗日分子などが保護という美名で集中管理され、情報入手や親日派への転向工作が図られた。その工作に同調しない収容者は731部隊の生体実験や解剖のマルタとして転移送された。その極秘の移送を「特移扱」と関東軍では呼んでいた。

中野出の飯島良雄少佐（乙I短）は長く黒河支部にいたが、戦争末期に保護院隊長つまり現場最高責任者となった。彼はソ連に抑留され、ハバロフスクでなされたソ連側訊問調書で一九四九年十月に自身の証言をしている。

彼以外に五人の中野出身者が保護院に勤めた。彼らは飯島同様、管理、工作、調査の部門で広義のインテリジェンス活動を担っていた。[25]一九四〇年夏、在学していた原田統吉（乙I長、元少佐）は「マルタ」という言葉を毒物・細菌の講義で聞き、「一つのショック」を受けた。[26] 同時期に学生だった飯島たちも７３１部隊の存在を知っていたと推測される。

後方勤務要員養成所の初代所長で、関東軍情報部の三代目部長であった秋草俊の名が、飯島の部下だった山岸健二なる人物の証言に登場する。飯島たちは保護院収容者を特移扱いとする際には、秋草の決済を得たと言う。決済の際、関東軍情報部長として秋草は収容者の「処刑」を承知していなかったとは考えられない。７３１部隊のマルタの大多数は満州の警察、憲兵隊が捕えた者である。

飯島は秋草の情報本部では参謀ではなかったが、二十一人の部員の一人として参謀格の保護院長で処遇されていた。秋草が関東軍情報部長になったのと同時期の一九四五年二月である。本部特務班長であった竹中重寿はこの保護院の実態とくに終戦時の処理について重大な証言をしている。

彼によれば「保護院は特務機関の中でも、秘中の秘だ。その収容者の逃亡兵やスパイが敵の手に渡ったら、とんでもないことになる。収容者を防空壕に入れ、換気口から毒ガスを注入して始末した方がいい」という意見と「皆殺しとは残酷であるし、国際法にももとる。全員釈放すべきだ」という意見に分かれた。「結局大多数の意見をとって人道的に取り扱うこととし、スパイと確定している者のうち特に危険と認められる者だけを、国際法に照して処刑することに決定した」[27]。二百名近い者が釈放されたが、危害を及ぼす恐れのある三人のみを処刑した。

その議決に秋草が参加しているかどうかは分からない。保護院の破壊、書類の焼却には、三日三晩かかったという。この緊急措置は同じハルビンの７３１部隊ほどの大規模ではなかったが、ソ連人逃亡者の処理、管理では相互補完の機関であった。

なおハバロフスクの７３１裁判国際法廷に飯島良雄は四十人のマルタを保護院から７３１に送ったと証言している[28]。

土居明夫部長による革新

日本軍全体の戦局悪化の中で関東軍情報部部長となった土居明夫は、航空部門の新設や教育隊の創設で情報部を再生しようとした。

土居明夫
（写真提供・雑誌「丸」）

一九四四年三月、情報部臨時航空隊（３７７部隊）が設置され、操縦班の村田武経大佐、吉田公夫大尉（乙Ｉ短）、佐々木豊曹長（丙１）、田口喜八曹長（丙２）らはいずれも中野出であった。さらに満軍将校及び義勇開拓の訓練生を以て一個班を作り、毎日の特訓に当たった。七月の第一期修業時には彼らの飛行時間は平均六十時間となり、航法の一部も体得し、単独の野外飛行が出来るまでになった。

整備班も田中丈四郎曹長（丙1）を班長に七月頃までに一応の基礎課目と技術の教育を終える。訓練の成果は急速に上がったが、一九四五年早々に戦局の悪化で航空隊は解散となった。彼はハルビン支部に移った。同時期に村田は本部に所属していた(29)。

全体的に土居改革を受け入れる余力は満州では急速になくなっていた。

3　張り子のトラを支える関東軍情報部

情報部支部での変革とその限界

朝日新聞社会部記者丸山静雄の『還らぬ密偵——対ソ・満蒙謀略秘史』は新生関東軍情報部誕生時の現地の特務機関の対応ぶりを記者流に描写している。

機関員は、はじめは前科者、内地で食いつめた浪人などいかがわしい人物が多かったが、機構改革に伴って、中野学校卒業生が大量に増員された。不純分子が追われて、正規機関員は全員が陸海軍人にとって代わったのである。これは「特務機関の戦時動員計画」に基づくもので、仕事も支部機関長、分派機関長、機関員そして末端工作員と序列化されて整理された。

機関員はそれぞれ二、三名の満人あるいは朝鮮人の工作員をもち、この工作員がまた数人の満人、朝鮮人、白系ロシア人の密偵を抱えるのである。中には直接密偵を握る機関員もあった。機関員は機関長以外には自分の握っている工作員や密偵の氏名、素姓、員数を口外することはない。工作員はまた自分の親分である機関員以外には、配下の密偵について語らぬことになっていた。密偵が互いに顔を合せたり、知り合いになることを極度に警戒した。(30)

中野出の新任工作員は学校で習ったインテリジェンスの専門将校との自負で末端工作員や密偵を、近代化を妨げる不良分子と見なした。とたん彼らの排斥で支部が機能しなくなった。あわてて工作員を必要悪として再雇用せざるを得なくなった。古い工作員には、取り締まるべき匪賊の親分の結婚式や葬式に匪賊の方からわざわざ迎えの使者が来て、さんざんご馳走になって帰る者までいるという癒着ぶりであった。

こうした情報本部も中野出も末端の工作員の構成や行動を統制するまでの影響力は持てなかった。旧態依然の特務機関のスタイルは排除できなかったようである。いや彼らや日本人ブローカーなくして工作は情報部時代でも浸透不可能であった。

日本軍の衰退

情報部隊と作戦部隊との連携は総力戦では不可欠である。ところが太平洋戦線の悪化で関東軍、北支軍の順に精鋭部隊が北方から南方へと抽出された。せっかく配備され、現地教育された中野出身者が前線で指揮を取り始めようとしたときに、ニューギニア、ビルマといった南方の激戦地に抽出され、満州で実績を示す時間がなかった。

そのあげくに、作戦部隊の欠落を埋めるために全満州の青壮年の日本人を徴兵した軍隊と関東憲兵隊、さらには関東軍情報部まで加わった特別警備隊なる部隊が創設された。しかし兵士全員に行き渡る旧式武器さえなかった。張り子のトラを支える主力は精鋭若手を欠いた情報部隊であり、優男の情報将校ということになった。

中野出の桜井金慧（乙Ⅱ短）の回想がある。

昭和十九年三月に国境第一線の東寧分派機関長となりました時は、関特演当時の充実した精強な関東軍の容装を思いおこすものは何もなく、優勢な兵力、兵器、資材は尽くし、南方戦線に抽出、転用せられ、劣勢な兵力配備で野戦陣地を構築して、ソ連軍の進撃に対峙して居た。しかも情報収集はソ連を刺激せず、消極的な手段によって、拾えるもの、貰えるものは集めるという程度でした。(31)

その張り子のトラはソ連側から正体を見破られていたが、ソ連は騙されたふりをしていた。そしてソ連は一九四五年八月九日からのあの広大な領土の満州総攻撃を一週間足らずの最大効率で成功させた。一方、北支那特別警備隊などに対して、毛沢東はその実力を知りつつも総攻撃をかけずに、秘かに増強した八路軍の勢力温存に注力し、ついには日本軍崩壊後の国共内戦の勝利を勝ち得た。

インテリジェンス部門では威力謀略の実行の機会を逸した。訓練した白系ロシア部隊やオロチヨン部隊（後述）の国境を越えた作戦を発動する間もなかった。中野学校出身者はその学習や演習の成果を評価される場がなかった。

忍者幽径虎宕（乙I短）の現場復帰

どこの部隊の作戦、情報活動も中途半端で墓穴を掘らざるを得なかった。ラマ教徒に偽装した忍者工作に専念していた仏教大学出で、かつ中野で二年間もの特別長期の特訓を受けた幽径虎宕《ゆうけいこがん》（乙I短）も伏在の蒙古で実効ある指揮をようやく取り始めようとした時に、南方とくにニューギニア、ビルマの激戦地に抽出された人員の穴埋めに現場から呼び戻され、特務機関に復帰せざるを得なくなった。専門の情報工作員としての実績を示す時間がなかった。(32)

情報部教育隊の創設

第二章で述べたように、本土では、遊撃戦の訓練に特化した陸軍中野学校の分校が静岡県の二俣に一九四四年九月に開校した。それは連合軍の本土上陸必至とみた陸軍が、遊撃戦、情報戦を想定しての本土決戦の準備であった。陸軍は正規戦を行う戦力さえ弱体化していた当時、本土では国民総動員の遊撃戦で応じることを想定していた。その二俣分校開校に一カ月遅れた一九四四年十月に、前出の土居部長の主導で関東軍情報部教育隊（471部隊）がハルビンで結成された。武器など装備費に比べ教育費とくにゲリラ戦の教育費は安くついた。

先の田口回想に出た村田武経少佐（2甲）などが本部業務を処理し、中野出の尉官、下士官が対ソ遊撃戦手法の企画研究と教育資料を作成する実験中隊を支えた。笹森松治（丙2）や平石貢（丙2）は中隊長の森沢亀鶴大尉（3乙）のもとで「燃えるような意気と熱意をもって第二回の教育に入ったとき終戦となった」[33]。この教育隊が二俣分校卒業生の三分の一にもあたる二百名もの多数を不利な状況下で訓練した実績は見逃せない。

水城英夫は、実験中隊長として客観的に自らかかわった教育隊の幹部の動きをよくまとめている。

私達基幹要員は昭和十九年十月中頃より、全満州の各部隊、或いは各特務機関より集められていた。将校、下士官の約半数が中野学校出身者であり、直接教育にたずさわる教官、助教、助手の多くは彼等の中から任命された。

部隊は本部と第一、第二中隊それに実験中隊の三ケ中隊で編成された。第一中隊は下士官、第二中隊は兵の教育を担当した。実験中隊は各種教育のための実験をするという主旨でつくられたものであったが、実際には人員も少なく、炊事場、浴場、厩、医務室、被服庫等の勤務、それに衛生勤務等に追われるのみの、所謂使役中隊となっていた。

第一期学生は下士官五十名、兵五十名で、修業期間四ケ月ということで、昭和十九年十二月末頃から教育開始となった。教育内容は中野学校と同様、諜報、謀略、宣伝を主とするものであり、秘密戦要員の養成であった。(34)

水城自身の判断によれば、戦局の影響で、近く満州が敵国に占領されることを想定した斬込戦、遊撃戦の訓練に教育内容の重点が移ったという。この部隊の所属者は戦後ソ連に拘束された後、徹底的に追及、尋問され、将校、下士官はもちろん、一兵卒、軍属、雇員まで同じように懲役二十〜二十五年の判決を受け、過酷なシベリア生活を体験させられた。なおこの部隊の中野出の人名や配置については「校史」に詳しい。(35)

情報部のロシア語教育

中野学校のロシア語教育の弱さを補完する努力が戦争末期に高まった。中野学校の一年足らずの教育期間、カリキュラムではロシア語はものにならなかったからである。

そこで存在感、影響力を強めるソ連のスパイを取り締まったり、プロパガンダを行ったりするために、現地で将兵とくに下士官向けのロシア語教育隊（３４５部隊）が創設された。教育期間は年三回、各回三カ月半で通訳要員を養成した。実際、一九四四年度では、高等科要員約七十名中、優秀な二十数名を情報部に転属させる成果をあげた[36]。だが四五年度の卒業生はなかった。

この時期にロシア語教育を受けた二人の証言がある。彼らは関東軍の要請に応えて日本本土の部隊でもロシア語奈良教育隊が作られていた証拠を示す。そのひとり原隆男は一九五六年八月に舞鶴へ帰還した。彼が上陸時に政府に出した「身上申告書[37]」によれば、一九四一年九月に静岡歩兵第三十四連隊に入隊し、翌年十二月ロシア語奈良教育隊で普通科、高等科を経て、一九四四年三月東京教育隊高等科を卒業した。同年五月ハルビンの関東軍情報部第二班に属した。任務はソ連の新聞、雑誌からの情報抽出であったろう。そして一九四五年八月二十日、ソ連に投降した。なぜか彼の名は「関東軍情報部五十音人名簿」にない。ともかく入ソ後いくつかの収容所を転々とした後、一九五〇年ハバロフスク第一監獄に入り、懲役二十五年の刑を受けた。陸軍上等兵として一年ほどのロシア語翻訳を行っていただけで、最高刑となった。

もうひとりの軍曹浜崎藤男は一九四二年大村（長崎）の西部46部隊に入った後、ロシア語教育隊へ分遣となった。翌年東部13部隊の東京ロシア語教育隊高等科に入り、一九四四年卒業と同時に関東軍に転属され、ハルビン、黒河、チチハルの特務機関を回って終戦となった。一九四九年八月にソ連で受刑収監となった。最後の帰国船で一九五六年十二月二十六日に帰国し「身上申告書」を出した。彼の名は「関東軍情報部五十音人名簿」にある。

ハルビン学院のロシア語教育

ハルビン学院は日露協会学校の名で一九二〇年に満鉄総裁後藤新平の肝いりで誕生したロシア語教育の専門学校であった。同校は一九四〇年に満洲国立大学に昇格したが、ハルビン特務機関の改革に合わせ、関東軍向けのインテリジェンス用ロシア語専門家の養成に力を入れるようになった。卒業生は見習士官として中野学校分校ともいえる471部隊へ入隊した[38]。戦時下で同校は実質的に関東軍直轄大学となり、関東軍情報部は同校の教員、学生を通訳官、翻訳官として総動員するようになった。関東軍は満鉄にはほとんど口出しできなかったが、ハルビン学院には遠慮なく介入した。

ハルビン学院二期生で、その後戦時下では母校教授として活動していた胡麻本蔦一の証言がある。

いま思い出したのですが、哈爾浜《ハルビン》学院在勤中、山下奉文大将が南方に転進する直前ですけれども、手塚省三五代目院長（山下大将と陸大で同期生）に同行して牡丹江に山下大将を訪ねたことがあります。そのとき山下大将は浴衣がけで目を真っ赤にして現われて「実は、ゆうべは夜通しで頼まれた書を書いていたんだ、明日出発ということで」と言って、「おまえは誰だ」、「哈爾浜学院のロシヤ語を教えております」と答えましたら、「おまえは、どんなロシヤ語を教えておるのか、肚のあるロシヤ語を教えろ」。

私は肚のあるロシヤ語なんてのは聞いたことがありません。「ああ、そうですか」。そしたら、当時の有田外相、久保田哈爾浜領事官、これを散々にこきおろして、「こういう外務大臣、外交官がいるからダメなんだ。哈爾浜学院のロシヤ語は肚のあるロシヤ語をこれから教えにゃいかんぞ」と言われました。

当時、東北方面司令官に秋草将軍がいました。彼は東京外語で留学生として除村吉太郎先生の講義を受けておきながら、今度は「こんなロシヤ語を教えるからダメだ」と先生を東京外語から放逐した。秋草将軍は終戦後、モスクワへ引っ張っていかれまして、最後に銃殺刑に処せられました。[39]

引用文中にある「肚のあるロシヤ語」とはロシア研究ではなく、戦争に役立つ通訳用語の教育を目指せという指示である。抵抗するまでもなく、現実には同学院の「卒業後の就職先は限られていた。満洲国外交部、満鉄調査部、ハルビン特務機関等、ロシア語を買われての採用である。いや、それなら上々で、ハルビン憲兵隊や陸軍通訳が普通だった。すでに学生は、入学時より「軍付通訳」の対象とみなされていたのだ。ソ連の動向を見極めるのは軍が行う。卒業生は研究者ではなく、彼らの手足」という皮肉が通用するようになった。[40]

ハルビン学院二十三期生だった秋保光孝の回想からは、学院生はつねにロシアとの関係に翻弄されたことが読み取れる。学院生は「シベリアの荒野を駆け回る「国士」たらん」と夢みていたが、現実の両国関係は協調の道を辿るどころか、反対に対立の道を歩んだ。満州国の建国はソ連との対立関係を激化させ、学院生はその対立の先兵としての役割を負わされた、と述べている。[43]

スターリン統治下のソ連は、一貫してハルビン学院をスパイ養成のための学校とみなし、戦後学院生はシベリア送りにされた。捕虜となった同胞とソ連当局との板ばさみにあい、結局対ソスパイの罪で長期刑に処せられた。ソ連に抑留され収容所生活を余儀なくされた学院関係者は二百三十八人にのぼったという。[41]

オロチョン族と日本軍のはかなき連携

戦時期の関東軍情報部は白系ロシア人と同時にオロチョン族への工作を進めた。オロチョン族はソ連国境の興安嶺の密林で狩猟生活をしている三千人の少数民族である。日本軍は道案内として利用すべく彼らに接近し、日本側への協力を求めた。

ハルビンの情報部では一九四一年から満州国軍のオロチョン工作を支援するようになった。かれらの人口の一割が日本側の協力者となった。射撃がうまく、山中の地理に詳しかったため、諜報工作とゲリラ戦に最適と見なされた。満軍では狩猟用を兼ねて三八式歩兵銃を貸与した。彼らの好むアヘンも提供した。[42]

貴重なソ連奥地の兵要地誌資料を調査提供し、軍司令官より破格の賞金を授与されたオロチョン族工作者の例がある。日本軍はゲリラ戦ではソ連工作員の潜入を防ぎ、戦時にはソ軍部隊を攪乱する期待をもっていた。オロチョン族の中に入り込み、その指導に当たった日系軍官の多くは、逆にソ連側オロチョンの侵攻により国防の第一戦に倒れたという。[43]

戦後のオロチョン族の態度

敗戦、シベリア抑留後に、前出の田口喜八（丙2）は無事帰国したものの、同僚安斉長良（丙2）の行方が気になった。日ソ開戦後現地に残った安斉の確たる情報について、田口は出来うる限り関係者に連絡、問い合せをしたところ、意外な情報を得ることができた。

この情報の提供者は黒河機関の水流中尉であった。中尉は甘河地区のオロチョン族の工作指導の隊長であった。日ソ開戦に当り、安斉は当時の漠河機関の佐藤中尉以下三名と同地在住の邦人約百名を指揮し、南方の興安嶺山中に退避することを決した。八月十三日頃実行に移ったが、ソ軍の追撃を受けほぼ全滅、文字通りの孤立無援悲惨の極みであったらしい。

なんとか生き残った者を安斉が指揮して、甘河の更に上流の阿里河まで来た時、この河に添って下れば必ず嫩江《ノンヂアン》に出るから元気を出して行けと力をつけたという。「俺達はまた引返して敵と交戦しながら皆の行動に支障なき様に掩護する」と言って引き返して行ったのが安斉の最後であることが明瞭となった。

安斉と別れた邦人の一行は甘河のオロチョン部落に着いてオロチョンたちに歓迎された。オロチョンは敗軍の日本軍や家族を攻めてくるソ連軍から守った。彼らは更に三百キロもある山道を歩くことが難しい女子どもを車に乗せて嫩江の日本人収容所まで送ってくれた。このオロチョン族の厚意に対し一行は涙を流して感謝して別れたと言う。

この情報で初めて安斉が日ソ開戦後一行の退路を掩護する作戦で戦死したことが判明した。(44)

ただし安斉をめぐる上記の話は例外で、終戦時にオロチョンが日本側に叛乱を起こすケースの方がよく見られた。黒河の分機関の西地区長、満軍将校の本間茂傳次は「オロチョン族反乱により戦死と推定」され、また中地区長の小校鈴木も同様の運命をたどったらしい。(45)またソ連領に住むオロチョン族が開戦時にソ連軍と協力して、日本軍を襲った例もある。

関東軍情報部の最後

前出の小平田清造（丙2）は一九四四年七月、関東軍情報部教育隊第471部隊に派遣になった。ところが対ソ開戦の報を受くるや、当部隊は直ちに臨時情報部特設遊撃隊を編成し、目的地

関東軍情報部幹部一覧Ⅰ

情報部１	階級	氏名	中野期別
部長	少将	秋草　俊	教職
参謀	中佐	寺田慎一	
〃	中佐	熊崎隆次	
支部長	少将	久保宗治	
〃	大佐	近藤毅夫	教職
〃	中佐	斎藤鐘三	
〃	中佐	多喜　弘	
〃	中佐	天野　勇	
〃	中佐	市来正明	
〃	中佐	田中義久	
〃	少佐	後藤秀乾	
〃	中佐	河西太郎	
部員	大佐	須貝良民	
〃	大佐	牧野正民	
〃	大佐	遠藤三郎	
〃	大佐	前田瑞穂	
〃	大佐	原田文夫	
〃	少佐	村沢　淳	２甲
〃	少佐	松浦友好	
文諜部長	少佐	秋山和平	２甲
部員	少佐	村田武経	２甲
〃	少佐	越智秋広	１乙
〃	少佐	木村功一	２乙
〃	少佐	住田景保	２乙
〃	少佐	伊藤　広	
〃	少佐	市川均十	乙Ⅰ長
〃	少佐	江島　毅	乙Ⅰ長
〃	少佐	林　知治	乙Ⅰ短
〃	少佐	斎藤富七	乙Ⅰ短
〃	少佐	飯島良雄	乙Ⅰ短
〃	少佐	今泉忠蔵	乙Ⅰ短
〃	少佐	男沢　尚	乙Ⅰ短
〃	少佐	加藤万寿一	乙Ⅰ長
部附	大尉	田中久雄	
〃	大尉	高垣幸生	乙Ⅱ長
〃	大尉	久保盛太	乙Ⅱ長
〃	大尉	引地武志	乙Ⅱ短
〃	大尉	馬場嘉光	乙Ⅱ短
〃	大尉	篠原一郎	乙Ⅱ短
〃	大尉	島田寅吉	乙Ⅱ短
〃	大尉	琴坂　旭	乙Ⅱ短
〃	大尉	藤原　景	乙Ⅱ短
〃	大尉	佐藤善造	乙Ⅱ短
〃	大尉	中村元成	乙Ⅱ短
〃	大尉	渡会正美	乙Ⅱ短
〃	大尉	上村盛夫	乙Ⅰ短
〃	大尉	田中忠一	乙Ⅰ短
〃	大尉	新井三郎	乙Ⅰ短
〃	大尉	田村康三	乙Ⅰ短
〃	大尉	吉田公夫	乙Ⅰ短
〃	大尉	池窪隆造	乙Ⅰ短
〃	大尉	西村美成	乙Ⅰ短
〃	大尉	野村金慧	乙Ⅱ短
〃	大尉	譲尾　功	乙Ⅱ短
〃	大尉	吉田　徳	乙Ⅰ短
〃	大尉	西畑国雄	乙Ⅱ短
〃	大尉	相原弘吉	乙Ⅱ短
副官	大尉	籾田末記	
部附	大尉	殿邑　寛	乙Ⅱ短
〃	大尉	児玉政一郎	乙Ⅱ短

関東軍情報部幹部一覧Ⅱ

情報部2	氏名	階級	中野期別
部附	小田莞爾	大尉	乙Ⅱ短
〃	立花正雄	大尉	乙Ⅱ短
〃	江角　力	大尉	乙Ⅱ短
〃	森　勝人	大尉	乙Ⅱ短
〃	小松　広	大尉	乙Ⅱ短
〃	福田　稔	大尉	乙Ⅱ短
〃	中井善晴	大尉	乙Ⅱ短
〃	竹岡　豊	大尉	乙Ⅱ短
〃	佐藤久憲	大尉	乙Ⅰ短
〃	菅原武夫	大尉	乙Ⅱ短
通信班長	小柳　光	大尉	乙Ⅱ長
部附	江田三雄	大尉	3丙
〃	河内山　憲	大尉	3丙
〃	長崎次男	大尉	3丙
〃	村松次男	大尉	3丙
〃	中村　功	大尉	3丙
〃	本間美雄	大尉	4丙
〃	上田　昌	大尉	4丙
〃	石田徳衛	大尉	4丙
〃	金井　功	大尉	3丙
〃	小林　力	大尉	3丙
〃	怒和敏雄	中尉	
〃	河崎一平	中尉	
〃	横山　博	中尉	
〃	佐々木定雄	中尉	
〃	田村義彦	中尉	
〃	鮎沢善光	中尉	
〃	徳永喜男	中尉	
〃	好本計次郎	中尉	
〃	佐野源一	中尉	
〃	矢吹貞夫	中尉	
〃	笹部　勇	中尉	
〃	長嶋福司	中尉	
〃	大林文市	少尉	
〃	吉村悦一	少尉	
〃	保田冨士夫	少尉	6丙
〃	谷口　勲	少尉	
〃	久間利行	少尉	6丙
〃	有富　勲	少尉	6丙
〃	山田創一	少尉	
〃	岡　美之	少尉	
〃	宮崎義生	少尉	
〃	国分嘉郎	少尉	
〃	内藤恒雄	少尉	
〃	黒沢嘉幸	少尉	
〃	小泉俊彦	大尉	乙Ⅱ長
〃	清都徳也	大尉	乙Ⅱ短
〃	坂田正三	大尉	
〃	小林義信	大尉	2乙
〃	井口東輔	大尉	
〃	能登谷徳太郎	中尉	
〃	川口繁夫	中尉	
〃	中沢多賀夫	少尉	
〃	岩山　貢	少尉	
〃	木下正二	大尉	1乙
〃	川崎　潔	中尉	
〃	川田徳夫	大尉	
〃	瀬井義澄	中尉	
〃	小松良栄	中尉	乙Ⅱ短
〃	越智通俊	中尉	乙Ⅱ短

注：「関東軍情報部五十音人名簿」（国立公文書館所蔵）、松原慶治編『終戦時帝国陸軍全現役将校職務名鑑』（戦誌刊行会、1985年）、中野校友会編刊『陸軍中野学校』より作成

に向かう列車内で終戦の大詔を耳にした。列車はそこで停止し、一夜を明してハルビンへと引き返した。八月十九日ソ連軍の命に依って下士官以下は阿城に集合、武装解除し、全員捕虜となった。一九四五年暮にはウラヂオストックを経由して日本へ帰すという言葉にだまされて、綏芬河を経てハバロフスクへ到着した。途中寒さと栄養失調で体力がつきて行き倒れ死亡した者も少なくなかった。

以下、次章で関東軍の壊滅とシベリアでの状況を詳述する。

末期の関東軍情報部における中野出の位置

一九四五年六、七月頃に作成された「関東軍情報部五十音人名簿」には三千百十六人の名を載せている。その人名には所属するハルビン本部の九班やハルビン支部、満州全土とアパカの各支部名が記載されている。各人の歩兵、砲兵などの兵種、嘱託、憲兵などが記載され、そして軍の多様な階層が明示されている。そこには通訳官、打字生（タイプライター）、雇人などの男女の職種もある。女性の名も散見される。

階級の中で伍長、軍曹から少将の範囲の人名をピックアップして、中野学校名簿と突き合わせたところ百十名の人物を特定できた。校史によれば、末期の関東軍に所属した中野出は百二十名としているので、新京の関東軍本部や満州政府機関や満州国軍、領事館などにいたものは十名ほどに過ぎなかった。つまり中野出の九十パーセント以上が情報部に所属していたことになる。

彼ら中野出の情報部での地位はどうであったか。二二八―九頁の表に示されたように、部長の秋草俊（教職）は別格として、2甲の村沢淳が筆頭となって、少佐は半分、大尉五十五人のうち四十八人、中野出が進出している。大尉の大半は乙Ⅰ（一九四〇年十月卒）と乙Ⅱ（一九四一年七月卒）である。終戦にならなければ、彼らが二年後には情報部の指導部を完全占拠する勢いであったことが分かる。

ところが中尉以下では3丙（一九四二年十一月卒）、4丙（一九四三年九月卒）がパラパラといるだけで、中野卒はきわめて少ない。つまり中野の新卒は日米開戦以降、南方に派遣され、満州にはわずかしか来なかったことを示している。この逆三角の人的構造は軍全体で満州が軽視されたことをはっきりと示している。張り子のトラの格好をつける程度の新規採用しかなされなくなったわけである。

陸軍の特殊工作費（諜報、謀略、遊撃工作等）の予算でも、関東軍は一九四四年の四百八十万円から一九四五年の四百五十万円へと減少している。その時期に支那派遣軍のそれは千二百九十万円から五千三百五十五万円と四倍増となっている。(46)

第七章　文献
（1）林三郎「われわれはどのように対ソ情報勤務をやったか」防衛省図書館中央軍事行政その他一五一
（2）関東軍情報部略歴 C12122501100

（3）C01003599600
（4）西原征夫『全記録ハルビン特務機関——関東軍情報部の軌跡』毎日新聞社、一九八〇年参照
（5）原田統吉『風と雲と最後の情報将校——陸軍中野学校第二期生の手記』自由国民社、一九七三年、七二頁
（6）原田前掲書七二頁
（7）原田前掲書八一頁
（8）校史一八六頁
（9）山本嘉彦『追憶』一九七六年、二六八頁
（10）甲谷悦雄「昭和九〜二十年満州に関する用兵的観察」C13010229700
（11）山本前掲書二三九頁
（12）山本前掲書三〇九—三一〇頁
（13）校史一九五頁参照
（14）C04123232100
（15）C01004760700
（16）西原前掲書
（17）前掲（14）八六頁
（18）前掲（14）八八頁
（19）前掲（14）九一頁
（20）前掲（14）一一四頁
（21）前掲（14）二四二頁
（22）川原衛門『関東軍謀略部隊』プレス東京出版局、一九七〇年、三三二頁
（23）田口喜八「中野学校卒業後の足跡」『陸軍中野学校丙種第二期生の記録』一一〇—一一一頁
（24）小平田清造「中野学校入校から現在まで」（『陸軍中野学校丙種第二期生の記録』八二—八三頁所収）

(25) 校史二〇〇頁参照
(26) 原田統吉「石井細菌部隊のこと」『諸君!』一九七六年十月号、文藝春秋
(27) 竹中重寿「最高秘密施設、ハルピン保護院」内蒙古アパカ会、岡村秀太郎共編『特務機関』国書刊行会、一九九〇年、三〇―三一頁
(28) 前掲『日本のインテリジェンス工作』二二八頁
(29) 関東軍情報部中野学校出身者名簿一覧参照
(30) 丸山静雄『還らぬ密偵――対ソ・蒙満謀略秘史』平和書房、一九四八年、八五頁
(31) 『中野校友会々誌』第三十六号、一九八八年
(32) 幽径虎嵓「蒙古復興を賭したラマ工作」『歴史と人物』一九八〇年十月号、中央公論社
(33) 「中野学校卒業後ハルピンに赴任して」『陸軍中野学校丙種第二期生の記録』所収
(34) 水城英夫「四七一部隊」朔北会編刊『続・朔北の道草』一九八五年、七四四―五頁
(35) 校史一九九頁
(36) 前掲(14)二二二頁
(37) 平二十六厚労07585100、原隆男「身上申告書」
(38) 哈爾濱学院史編集室編『哈爾濱学院史』国立大学哈爾濱学院同窓会、一九八七年
(39) 前掲(38)三九五―六頁
(40) 芳地隆之『ハルビン学院と満洲国』新潮選書、一九九九年、一二八頁
(41) 『柳絮 Ryujo』第3号、大同学院二世の会、二〇〇四年
(42) 中生勝美『近代日本の人類学史――帝国と植民地の記憶』風響社、二〇一六年
(43) 小澤親光『秘史満州国軍――日系軍官の役割』柏書房、一九七六年
(44) 田口喜八「安斉長良君の戦死情報」『陸軍中野学校丙種第二期生の記録』所収
(45) 留守業務部第三課「関東軍情報部概況」C14020857300
(46) 稲葉正夫「秘密戦のバランス・シート」『週刊読売』一九五六年十二月八日号

第八章
関東軍の壊滅とシベリアの地獄体験

本章では、前章に引き続き関東軍の末路を追っていきたい。対ソ開戦からわずか一週間足らずの期間で惨敗という結果に終わり、敗軍の大半はソ連の捕虜となってシベリアに抑留された。その中には多数の中野出が含まれていた。

1　終戦から入ソまで

秋草俊死亡の謎

ソ連は初代の関東軍情報部長であった柳田元三と第三代部長秋草俊を抑留中に死亡させている。とくに秋草の行方は長く不明のままであった。前章本文に引用したハルビン学院関係者はなんの根拠があったか知らないが、彼が銃殺刑にされていると語っていた。

また秋草の下で教育隊の実験中隊長（大尉）であった水城英夫は「秋草少将は終戦後ソ連軍に逮捕され、昭和二十年九月十三日、ウォロシロフ監獄より囚人護送車に乗せられ、どこかに連行された。私は隣室の監房のわずかなすき間からこれを見ていた。然しその後秋草少将の消息は全く不明であることから、恐らく処刑されたものであろうと思われる」と記している(1)。

冷戦終了後の一九九二年六月、秋草は一九四九年三月二十二日、モスクワ郊外のウラジーミル監獄病院で死去と公表された。その監獄の過酷な取調べや病院の診断書などを使ってまとめたというボブレニョフ・ウラジーミル・アレクサンドロビチ『シベリア抑留秘史――KGBの魔手に捕われて(2)』によれば、秋草はウォロシロフでメリニコフ中将、マルゴリン大尉から主として特務機関についての尋問を受けた。その際、「取り調べ官たちには、彼らが相手にしているのは経験豊かな、プロの、危険な敵であることがはっきりわかった。それは、一生を諜報活動の組織に捧げ、日本の利益を守り、ソ連との開戦の場合には、自国の軍に情報を与えるべく、ソ連やその軍を調べて弱点を探っていた人間であった」と秋草を認識したらしい。

秋草はモスクワに送られ、一九四五年十月十四日、ルビャンカ牢獄に入れられ、レフシン少佐の尋問、国家保安相アバクモフの呼びだしを受けた。ソ連当局は秋草からインテリジェンス情報を搾り取るために、ウォロシロフ監獄とは比較にならない非人道的な尋問を昼夜問わず行い、意図的に肉体を衰弱させ、死に追い込んだという。その取り調べ内容はモスクワ裁判に使われ、一九四八年十二月三十日に懲役二十五年の判決を受けた。それから八十二日後、ウラジーミル監獄の病院で死去したというソ連の公式通知となった。

しかし秋草の上司であった関東軍総参謀長秦彦三郎は『苦難に堪えて』[3]という抑留記の中で、一九四九年秋頃まで、秋草がモスクワのレホルトフスカヤ監獄にいたとの情報を記載している。つまり病死したとされる半年後も秋草は生きてモスクワの監獄にいたことになる。

日本政府公開文書から来る疑問

まだある。筆者が最近公開を求めて獲得した国立公文書館所蔵の「関東軍情報部五十音人名簿」[4]には、一九五〇年四月八日、「モスクワ第十六地区で受刑」との手書きの記載がある。この「受刑」の文字が草書であるため「処刑」とも読める。一方で同じ名簿に、今泉忠蔵（乙Ⅰ短）、市川均十（乙Ⅰ長）、引地武志（乙Ⅱ短）、村沢淳（２甲）という側近幹部も載っており「処刑」でなく「受刑」と読める記載がある。ただし市川以外は行方不明扱いである。

つまりこの名簿が作成されたと思われる一九五〇年ごろまでに日本政府は秋草の「受刑」ないし「処刑」の情報を得ていたことはたしかである。秋草の死の公表の遅れは彼が病死でなく、ソ連が追及してやまない対ソインテリジェンス工作の現場の総指揮官を秘密裏に処刑つまり冷酷に死刑に処した事実を隠していたことを示唆している。

前頁で水城英夫は秋草は処刑されただろうと記している。ハルビン学院教授だった胡麻本蔦一は、秋草は銃殺刑になったと述べている。根拠はあいまいであるが、多くの憶測、推測が関係者から流れていた。

いずれにせよ秋草の最期は、彼が中野一期生に警告していたインテリジェンス・オフィサーの悲しき宿命と末路を自ら予言し、実践したものに他ならなかった。

なすところない情報部長・秋草俊

「関東軍情報部五十音人名簿」にある中田光男は一九一四年東京生まれである。所属、階級欄は空白である。諸種の資料から判断して、東京外語出の彼はハルビン本部で少尉待遇のロシア語通訳官であった。筆者は古書店で中田旧所蔵の資料を一括入手した。それによると一九四三年ごろ参謀第八課の命で、亡命したリシュコフ将軍や強制収容所から脱出し帰国した勝野金政などを集めたソ連向け秘密プロパガンダ研究会を神田・淡路町の事務所で運営したのは中田であった。こうした専門的な対ソインテリジェンス知識と実行力を秋草らに評価されたのであろう。中田の以下の発言にあるように、彼は末席ながらもハルビン本部のロシア語通訳官として少尉の身分で幹部昼食会議に参加できる地位を得ていた。

以下は、ソ連軍の侵攻に際して関東軍情報部本部の秋草や参謀など幹部が右往左往の対応ぶりだったことを描写した記録である。また、ソ連軍のハルビン進駐の状況も詳細に読み取ることができる。中田は結局すばしこくハルビンから脱走し、ソ連の逮捕を免れ、この名簿にあるように一九四六年八月九日に帰国に成功している。

さっきの貴金属の話で思いついたんですが、特務機関長は秋草俊少将です。戦争（注：一九四五年八月九日：ソ連の日本への宣戦布告、満州侵攻）が始まって終戦（一九四五年八月十五日）になるまで、この人を私は一回も見たことないです。部下に命令下す者が、どこかに行っちゃってた。関東軍司令官の山田乙三大将も、戦争が始まって二日間行方不明だったんですね。旅順か何かの温泉にいたのじゃないですか、芸者を連れて。[5] 秋草機関長にしてもこのザマですよ。特務機関を創った少将の軍人にしてこのザマです。

本部将校は十二、三人で毎日昼飯を一緒に食うんです。私が将校で一番下っ端です。「おい、少尉、これは何か知っているか」「は、パイプであります」、象牙のパイプなんですね。「それは分かっとる。ここについてるものだ」「は、金口であります」。太い金口がついてる。「これは何とかという芸者の三味線のバチでつくったんだ」と。こんなバカな男が特務機関長だったのです。あきれましたね。

ところが、戦争が始まっても、機関長の姿を見たことがない。参謀連中は昼間から酒飲んでるんです。グデングデンなんです。西の方向に、白城子というところがあります。二百キロぐらい離れてる。その方向から砲声がするのです、ドーン、ドーンと。砲声を聞いたら落ち着かなくて、怖くて震えてたのじゃないですか。震えを止めるために酒飲んでたのじゃないかなと、いまでも思いますね。私は開戦と同時に北満の治安情報を集めて、直接、電話で新京の司令部へ送るという命令もらってますから、七日間ほとんど寝なかった。ところが参謀連中は昼間から酔っ払ってる。

それで戦争が終って、私もガックリしちゃって、これで死ぬのかな意味がなかったな。逃げてやろうと思ったことあるのです。こんなバカなやつと一緒に死ぬのいやだな、死ぬのはどこでも死ねると。拳銃はいつも用意していたのですが、なかなか脱出することはできません。ところが八月十八日に、ソ連のグローモフ少将以下七十人の軍使が到着する。お前、飛行場から大和ホテルに誘導しろという、参謀長の命令をもらったんです。兵隊十二名を連れて、第一軍装——きれいな服を着て行けと——で出発すべしと。行く前に申告に行ったわけです。軍隊では誤りを防ぐため復誦しますから、参謀長に「これから行ってまいります」と言ったら、お前には命令しないというわけ。その前の晩に私は参謀長と大げんかやったわけです。特務機関としてだらしがないと意見の具申に及んだのです。通化（注：臨時の関東軍の拠点）に移転するとなれば、くっついて行こうとワーワー騒ぐしね。地下潜るということでも、いつか日本を再建する根っこになるということじゃないのかとその計画を簡単に放棄するでは何事かと、私は参謀長にガンガン言ったのです。もう終戦になってますからね。お前は上官侮辱だとか、上官誣告罪だとか、陸軍刑法何条で死刑だとか。何を言ってるんだ、死刑もクソもない。陸軍は十五日で終わってるんだと。平気でしたね。

ところが、私に行かないでよろしいという。行かないでよかったのです。ケンカの効果で一命が助かったわけですから。夕方六時ごろ特務機関長と参謀連中が揃って車で大和ホテルへ行ったわけです。あいさつ終わったら拳銃をパンと突きつけて、機関長はソ連総領事館に持っていかれた。九時ごろ運転手が来て、機関長やられましたという。ああ、しまった、早く逃げりゃよかったと思ったが、しょうがない、みんなに言うなよと。口止めをして室員と飲んだ。相当に酩酊した。これが最後と思って……そのあと毛布敷いてもらって寝たのです。

まだ寝つかれないうちに起こされた。将校は会議室に集合です。静かに行動してください、命令ですという。会議室というのは建物が違うわけです。百メートルぐらい離れたハルビン神社のウラに会議室だけの建物があったのです。そのとき私はピンときた。うん、これはソ連が先に入ってると。で、兵隊二人を起こして、見てこいと。ソ連の兵隊が入ったらすぐ引き返せ。案の定、それが当たったわけです。将校がみんな門を入ると、ガチャンと閉まっちゃった。

よし、おれはここを出て日本へ帰ろうと。決心し「起きろ」と。「こういう状況だ。十人以上いましたが、みんな酔っ払って寝たばかりですから、「一体何ですか」と。おれはここでむざむざつかまることはしない。おれは日本へ帰るんだ」「日本へどうやって帰りますか」。「非常に危険だ、途中で命なくすかもしれん。しかし、むざむざつかまる手はないじゃないか。おれは山東半島へ出る。天津の先のほうですね。あそこから筏を組んでも、夏の海流は日本にぶつかる。どうだ、ついてくるんだったらついてこい」というと、二人、一緒に行きたいという。「とにかくおれたちは特務機関にいたということだけで、ソ連としては死刑に値するというぐらいきついぞ」と。ところが、みんな突然起こされたものだから、頭の中が混乱してるんでしょうね。二人だけがついていきたいと。時間がないから、あと五分間で決心しろ。「みんなとにかく生きて日本に帰れよ。日本で会おう」と言って、そこを出たわけです。私が予想したとおり、五分後にみんなつかまっちゃいました。将校をまずつかまえといて、それからあと軍属と兵隊をつかまえた。五分後です。

これは一九九〇年八月十日の雑誌社のインタビュー速記録[6]である。前掲『シベリア抑留秘史――KGBの魔手に捕われて[7]』では、秋草は八月九日の開戦直後に牧野正民大佐に指示し、ハルビンでのソ連軍への破壊工作を機関長として命令している。また満州の白系ロシア人の分析書[8]では、白系幹部が八月十日に秋草と面会した記録がある。その時彼は睡眠不足で憔悴していたが、白系人の天津への避難を援助すると約束している。また日本の降伏の可能性を語るとき、涙をこらえきれなかったとある。

中田は、対ソ開戦の八月九日から終戦の十五日まで、「この人（秋草）を私は一回も見たことない」と証言しているが、これは否定されよう。ただし彼の部下への対応は中野時代のイメージとは違うし、自暴自棄に陥った情報本部の姿を活写しているようにも思える。関東軍情報部は本部でも支部でもソ連の奇襲になんらなす所なくぶざまな降服をすることになった。

2　過酷なソ連側のインテリジェンス追及

戦死でなく抑留死——アパカ支部木村支部長（2乙）の最期

中野出身者は終戦時のどさくさでアパカ機関長に就任した木村功一（2乙）を除けば、大部分の尉官は出世しても分派機関長どまりであった。その木村は、就任四日後に八月九日のソ連参戦を迎えた。弱冠二十五歳であった。

まもなくアパカ支部ではソ連軍に特務機関の尉官や下士官が全員収容された際、木村は自分のみの取調べをソ連軍通訳に求めたが、すでにソ連側は機関名簿を手にして口裏合わせも不可能であった。ソ連中央諜報局本部の取調べは厳重であった。木村は部下七人とともにソ連国内に護送され、戦犯として長期の懲役刑を受けた。

部下たちは一九五六年のシベリア抑留者の集団帰国の最終便までに帰国できたが、木村のみが消息不明である。[9]「関東軍情報部五十音人名簿」は一九五〇年までの関係者の消息をまとめたものであるが、木村の項では一九五〇年までハバロフスクにいたことを示唆する記述となっている。おそらくその後獄中で死亡したものと推測される。

なお「校史」も「長期にわたる抑留生活の苦行が加わり、ソ連の収容所内で病死された可能性は大きい」とする[10]。

狙われる中野出

ソ連は終戦後、六十万人の抑留者を労働力確保の目的に捕虜としたが、日本軍の戦力とくにインテリジェンスのパワー、システムを解明することも狙っていた。警察官、憲兵、731部隊員などを集中的に摘発、尋問していたが、最も狙い定めて逮捕したのは、関東軍情報部の秘密工作員、破壊活動工作者であった。中野学校関係者がそれら容疑者の黒幕として最重点の追及がなされた。

江島毅大尉（乙Ⅰ長）、高垣幸生中尉（乙Ⅱ長）らと浅野部隊を管轄していた横山稔（丙2）は戦中「身分秘匿には絶対中野出身者などを匂わすことのないよう十分な注意の必要があった」と回想している[11]。白系ロシア人社会に浸透するソ連のスパイをとくに警戒せねばならなかったので、横山は日本軍人であることも秘匿していた。こうした秘密主義が関東軍には浸透していたので、中野学校の名前や素性をさすがのソ連当局もソ連勝利まで把握できなかった。

終戦初期にモスクワでなされた東京裁判用の秋草尋問調書[12]の段階では、秋草俊、浅田三郎らは中野学校のことを「偵察将校教育ノ学校」としてあいまいな対応で、実態供述を逃れていた。そこでソ連側は抑留者の相互密告制などを使った「告白」で中野将校、特務機関員の人名を全シベリアの収容者から炙りだそうとした。

中野学校出身者で、抑留体験後帰国した者の証言も数少ない。馬場嘉光（乙Ⅱ短）は一九五六年の最終帰国便までシベリアで過ごした中野出への過酷な追及の状況を以下のように証言している。

「ソ連防諜部が全満洲の情報勤務者を一網打尽にしたのではないかと思ったくらい、日本人の逮捕が大がかりであったことである。関東軍司令部や情報部本部その他の顔見知りの人達が大勢いた⑬」

「お前の諜者の氏名と住所を書け⑭」

「食餌を止められたのは、すでにひどい栄養失調状態であったから大変こたえたのである。終日横になって廃人のようにぼんやり過ごすようになった。このような状態になると用便に廊下に出して貰うのもおっくうで、部屋の隅で用を足した。もともと食べていないのだから出るものも出ない筈なのに、しきりに便意を催すのである⑮」

「殴ったり蹴ったりの瞬間的な体罰より、二十日に及ぶ間、衰弱した身体で寒さと飢と精神面から受ける苦しみは、生命の恐怖をともなって過酷であった⑯」

「嘗て情報勤務に従事していた人達が、一般軍事捕虜集団に潜り込んでいるのをあぶり出すことである。日本人同士黙って見過ごせばよいものを、階級の敵であり、民主化にとって反動であると彼らが称する「前職者」（情報勤務者）を日本人同士の「吊し上げ」によって、ソ連側へ引渡す運動であった。これによって身分が暴露し受刑した人々が少なくない[17]」

馬場の著書には舞鶴帰還時の写真が掲載されており、エピローグで後述するハバロフスク事件に出る石田三郎（乙I長）、馬場自身の顔がある。本書に出る矢沢啓作、野村金慧、琴坂旭、竹岡豊（ともに乙II短）なども映っていると思われる。なおこのとき、『中野校友会々誌』は一九五七年三月三十日付けの臨時特集号の編集後記で「昨年末極寒のソ連より六十三名の同志を喜び迎えました」と記し、帰国者の就職希望先を載せるなどの心配りを示した。八人の帰還者の声も載せられた。その中に岡上生二（丙2）が「船中校友会々誌を戴き只驚きと喜びとにて暫く茫然としたのであります」と記している[18]。

この岡上はイルクーック州タイシェット地区に抑留されて、なんとか餓死と凍死を克服していた。彼は藤岡なる偽名でハルビン時代にソ連諜報活動をしたことを隠していた。ところが一片のパンのため生き延びようとした仲間の一人が彼の素性をソ連側に密告した。ソ連将校が骨皮となった彼を入院させた。飽食と休養でまず肥らせ、その後に行う厳しい投獄、尋問に耐えられる体力を回復させ真実を白状させるためであった。

この入院生活に於てすっかり元気が出、体力もつき始めた。其の時覚悟した事が起ったのである。荷物もまとめ退院、ソ連事務所に連行されたのである。藤岡なるものが岡上であると言う事と、中野学校出身者であること、満州特務機関中対ソ諜報活動していた点を詳細に知り尽

本書登場人物のシベリア抑留状況（1950年現在）「関東軍情報部五十音人名簿」による

人名	状況
秋草　俊（教職）	49 モスコー　50・4・8　16 地区受刑
村田武経（2甲）	47・10・30　25 年判決
村沢　淳（2甲）	不明
新井三郎（乙Ⅰ短）	49・11　16 地区受刑　不明
市川均十（乙Ⅰ長）	45・9・20　ハルビン　不明
江島　毅（乙Ⅰ長）	ハルビンにて武装解除
飯島良雄（乙Ⅰ短）	49・7　カラカンダ　病院入院
木村功一（2乙）	45・10　刑 25 年　ハバロフスク
野村金慧（乙Ⅱ短）	46・9・10　シベリア　生存
馬場嘉光（乙Ⅱ短）	48・5　刑 15 年　カラカンダ　スパスク
田口喜八（丙2）	48・4　PW　ウラジオ　取調べのため
浅野　節	ハバロフスク　生存

くしていた。そこで総てを知らぬ、人違いであると証言したが、既にソ連将校は日本語で〝まあ今にあなたの身分がはっきりするでしょう〞と言いながら手錠を掛け、此の地を後に監獄に向けて出発した。[19]

中野出身者の摘発はソ連取締官の手柄

加藤醇三（6丙）は長時間残酷な取り調べに堪えて素性を隠していた。

中野出の実名を尋問で把握した取調べ官は出世の道が開かれていたようである。ある朝、ユダヤ系の女大尉が呼び出されたのである。

十分ほどたって彼女は突然「あなたは中野学校を出た様なこわい人には見えませんね。……あなたをさがしあてた私は金鵄勲章です」と言った。それっきりである。何も言わない。

正直のところ大いに驚いた。ロシヤ語も使わずひたすらかくしおおせて来たつもりだが一体どうして発覚してしまったのだろうか。[20]

ソ連側は特務機関員、憲兵隊員、警察官、通訳などの将官、末端員にまで細かい網を広げ、情報収集を図った。毛沢東の要請で満州国政府高官、将兵、憲兵隊員など多数を一九五〇年に中国撫順に送ったが、中野関係者は一人もその中に入れなかった。一九五六年の最後の帰国までシベリアにおいて中野出からじっくりとインテリジェンスを引き出した。十一年間かけての調査で、ソ連機関は中野学校の精緻な全体像を把握したと推測される。

ソ連はそれを、冷戦期の対日インテリジェンス工作に活用しようとしたと思われる。しかし帝国陸軍は復活しなかった。日米安保体制の下でインテリジェンス活動は完全にアメリカ軍の指揮下におかれ、戦前の伝統を絶たれた。それでも冷戦終了やソ連崩壊後も、ソ連が得たインテリジェンスはロシア政府の機関の奥深くに保管され、今もって公開されていない。

第八章　文献

（１）朔北会編刊『続・朔北の道草』一九八五年、七四四頁

（２）ボブレニョフ・ウラジーミル・アレクサンドロビチ『シベリア抑留秘史――ＫＧＢの魔手に捕われて』終戦史料館出版部、一九九二年、三四一頁、三四四頁

（３）秦彦三郎『苦難に堪えて』日刊労働通信社、一九五八年

（4）「関東軍情報部五十音人名簿」国立公文書館つくば書庫8、8—46、1576

（5）総参謀副長松村知勝少将「総司令官は留守」（『昭和史の天皇　5』読売新聞社、一九六八年、一九二—一九三頁参照）

（6）一九九〇年八月一〇日の文藝春秋の中田光男へのインタビュー速記録「リシュコフの今日」は雑誌『諸君！』に掲載されなかった。中田筋から受け取った知人が筆者にそのコピーを提供してくれた。

（7）前掲（2）三四〇頁

（8）*John J. Stephan, The Russian Fascists, Tragedy and Farce in Exile, 1925–1945, 1978, 328.*

（9）内蒙古アパカ会、岡村秀太郎共編『特務機関』図書刊行会、一九九〇年

（10）校史二六五頁

（11）「中野学校卒業後思いでのままに」前掲『陸軍中野学校丙種第二期生の記録』所収、二〇四頁

（12）粟屋憲太郎・竹内桂編集・解説『対ソ情報戦資料第2巻　関東軍関係資料(2)』現代史料出版、一九九九年、五〇三—五二二頁参照

（13）馬場嘉光『シベリアから永田町まで』展転社、一九八七年、三二一頁

（14）前掲（13）三八頁

（15）前掲（13）三九頁

（16）前掲（13）四一頁

（17）前掲（13）七三頁

（18）『中野校友会会誌』臨時増刊号、一九五七年三月三十日、四二—四三頁

（19）「神に感謝しつつ筆をとって」前掲『陸軍中野学校丙種第二期生の記録』三六頁

（20）加藤醇三「シベリア流刑寸描北馬行」中野校友会々誌第二十九号、五〇頁

エピローグ　陸軍中野学校は何を残したのか

1　秘密工作員に悲劇はつきものか

悲しき老密偵

ノモンハン事件の時、関東軍の情報隊の謀略別班がソ連軍の後方を撹乱するため、蒙古人に変装して平原奥深く潜入した。限りない平原をなおも進んでいくと、オボ（注・石や木でつくり、標識ともなるモンゴル人の崇拝する野外祭壇）の前に額ずいていた一人の老人がふと顔を上げた。一瞬老人の顔は不思議そうな表情に曇っていたが、次の瞬間晴々と輝いた表情となり、情報隊員に懐かしそうに日本語で話しかけてきた。

「私もハルビン特務機関員です」

驚いて仔細をきくと、岩田愛之助（注・満州事変前後に満州で活動した右翼浪人）の紹介でハルビン特務機関に入り、外蒙調査のため潜入、そのままここに定着してしまった密偵であった。老人は羊を大鍋で煮て歓待してくれた。長い肉を蒙古刀で切り取るところなど、まったく堂に入った蒙古人ぶりである。

だが酔うにつれ、日本と蒙古を論じ、「時にまた涙を湛えてこのまゝ朽ちる密偵の宿命を嘆くのであった」。何か事なければ、密偵として現れる機会は永久にない。老人は今まで敵地に、固定密偵となって土着し、二十年ほどそのまま平凡な一住民としてここにいたわけである。彼のネットワークも朽ち、ノモンハンの出来事も知らないほどに老化してしまっていた。(1)

ノモンハン捕虜の秘話1

一期生の猪俣甚弥は中野卒後に関東軍情報部へ派遣されたが、その際ソ連軍から日本軍に送還された捕虜の以下の手記を読んだ。

停戦協定の成立後に両軍の捕虜が交換されたわけですが。帰って来た捕虜だったものから聞き取ったのが此の調書なのです。

その中に僅かな行数ですが次のようなことが述べられていたのです。

此の兵隊はチタの監獄の二階の房に入れられていたのですが、どうも下の部屋に人がいる様子なので合図をしたら応答があったので、ゲートルを解き、紐の先に水呑み用の柄付コップを結び、その中に鉛筆と手帳の紙を入れて下げてやったところ、しばらくして次のような事が書かれて戻って来たと言うのです。

（私達三人は上海特務機関から派遣されてソ蒙軍後方の偵察をしていたところを逮捕されて此処に送られて来ましたが、昨日二人は銃殺されました。明日にも私は銃殺されるでしょう。然し私達は最後まで日本人である事を隠し、蒙古人として、蒙古人らしく泣き叫びながら死んでゆく覚悟です。

あなたは何時かは日本に帰れるでしょうから、私達が此処で、任務を果たせずに死んだと伝えて下さい。天皇陛下万才）と。(2)

ノモンハン捕虜の秘話2　将校の蒙古追放

次はアパカの特務機関にまつわる実話である。

加藤（甑雄）大尉は昭和十四年（一九三九）七月六日、ノモンハン戦ホルステン谷地の戦闘で行方不明となった。戦況上、戦死と断定されて公的処置がとられたが、実際には敵砲弾の爆風で人事不省となり、そのまま敵に捕えられた。停戦となり捕虜交換で帰ってきたが、将校たる者が捕虜になるとは何事だということで、関東軍の軍法会議にかけられた。

軍法会議の判定は厳しかった。「日本人を捨てよ。蒙古人になりきれ。街には絶対出てはならない。一生を蒙古人として送れ」。そして身柄をアパカ特務機関長に預けられた。これ以上の苦しみはないだろう。死一等を減じられた代償として、日本人として扱われないという運命を与えられたのである。日本人との絶縁、肉親との断絶、靖国の神のままアパカに流刑の身となった。

加藤大尉は当初、東ウヂムチンに在って林久作と名乗って機関の任務に服していた。その後、いつの日からかブリヤード部落に入り、ナンドルジー（注・モンゴル名）と呼ばれるようになり、ひたすら蒙古人になりきるのであった。

加藤大尉の人格には部落民皆がほれこみ、ブリヤード総管エリンチニドルジーの娘婿となって副総管となった。完全に蒙古人になりきったのである。

ブリヤード部落の住民で編成された部隊が、アパカ機関唯一の謀略部隊であった。（中略）日本人を捨てて蒙古人となったナンドルジー加藤大尉、そしてブリヤードの人達、共に数奇な運命を歩んだものである。(3)

秋草俊らの悲劇

秋草は中野創立時に情報将校はいつどんな境遇に陥るかもしれないので、強固な「諜報謀略的性格」の確立を卒業生に求めていた。それは彼が長きにわたって情報将校として見聞、観察あるいは接触してきた中で出会った蒙古の老密偵や追放された日本人捕虜に類する悲劇があったからである。皮肉なことに、彼自身のシベリアでの戦犯捕虜としての地獄体験が、同種の悲劇に追加事例をなすのである。

前章で述べたように、ハルビン特務機関にいた中野出は終戦後多数シベリアに送られ、戦病死者や行方不明者を輩出した。その数はソ連との戦闘による満州内での死者よりも多い。シベリアで生きて帰国できた者のほとんどが長期の抑留で飢え、病気、拷問、洗脳など地獄の苦しみを味わった。ビルマの光機関には総員百二十二名が在籍していたが、インパール作戦を中心に死者三十三名、戦病者十名を生んだ。フィリピンの第十四方面軍では中野出は九十八名いたが、戦死者六十五名、戦病者、行方不明各一名と七十パーセントの被害を出した。二俣分校出の特攻隊員の死者が特別多かった。

一方中国大陸では総員二百六十七名で臨んだ中支那戦線での死者は僅か六名であった。井崎喜代太は戦後の回想記でその原因を「情報将校として最前線で指揮をとることはなく、精々参謀補佐として敗北時に逃げやすい〝後方勤務〟に就く者が多かったためである」と喝破している。(4)

抑留者の溜飲を下げたハバロフスク事件

一九五五年十二月十九日、ハバロフスク第十六収容所に収容されていた八百人がハンガーストストライキを実行した。このハバロフスク事件ではストライキ団の団長に石田三郎（乙Ⅰ長）、庶務に馬場嘉光（乙Ⅱ短）、警備に佐藤善造（乙Ⅱ短）というように、中野出の幹部が闘争を指揮し、抑留史で初めて現場のソ連当局を譲歩させた。[5] しかしこれは抑留史の末期でのはかない一時的な勝利に過ぎなかった。

小野田寛郎の運命

終戦後二十九年もフィリピンのルバングのジャングルで日本軍の命令を頑なに守って生き延びた小野田寛郎の人生も情報将校の悲劇と評すべきだろう。彼の長期の忍耐への賞賛が中野ブームを引き起こしたが、時代の変化を捉えられずにジャングルに引き籠った姿勢に気付いた世論が評価を次第に下げていった。[6]

小野田自身マスコミとの対応に力を入れたが、そこでも次第に厳しい評価が寄せられた。身を守るために非武装の島民多数を殺傷したこともイメージ低下につながった。敗戦を乗り越えて高度成長を成し遂げた日本人が彼の二十九年の残置諜者としての労苦を理解しないことに傷心して、小野田は帰国後一年足らずでブラジルに逃避した。

2　終戦〜占領期の連合国側の中野研究

戦争末期の中野情報

英軍はビルマ戦線での日本軍の特務機関である光機関を監視、調査していた。[7] 驚いたことにインパール作戦の一九四四年に、光機関百五十名のリスト（全十七頁、索引付き）を作成していた。これは残置諜者（ビルマ人）の光機関事務所中枢への長期潜入（通訳、タイピスト、電話交換手など）によってしか把握できないものである。ただその中に中野出の幹部が名を連ねていたが、中野学校の存在は知られていなかった。

光機関を担う中野学校出身者は中野学校の「南方分校」を各地に設立していた。その一つであるマレー半島のペナン校では写真が残っている。[8] 一方英軍は光機関によるビルマ人、インド人のスパイ教育機関への監視を続けていた。光機関の将校は、スパイを監視するスパイに気づかぬままに敗北した。

中野出の捕虜供述

南東アジア翻訳尋問センター（SEATIC）は英軍中心のインテリジェンス収集分析機関であったが、定期的に「インテリジェンス報」を出している。

その百九十一号と二百三十号には中野出身者の貴重な供述もある。

終戦前後での捕虜にはインパール作戦で重傷を負って英軍につかまった多数の捕虜がいた。自主的に投降した者も少なくなかった。百九十一号に出る丸山隆道（5丙）はどういう状況で捕虜になったかは分からない。分かるのは一九四五年四月にペグー北部で西機関（光機関の分派機関）にいたとき、佐藤下士官（名前、期別不明、中野卒）とともに捕虜になった。丸山、佐藤ともに中野が幹部候補学校出の将校コースと下士官コースから成り立っていると協力的に説明した。卒業生は毎年増加し、彼らが卒業した頃には一年四百人となり、各師団に一人のインテリジェンス将校を配属するまでになったという。

少数であろうが、追い詰められて光機関から脱走し、英国側に来た中野出がいた。松元泰允（4丙）はその一人である。彼の記録は「インテリジェンス報」二百三十号に出ている。松元の脱走した時期、場所は不明だが、「光機関からの脱走者（deserter）」と明記されている。彼の供述は二十四人の同期生の数など正確である。研究隊や学生隊の指導者の名が出る。授業や訓練の内容も語っている。さらに証言は光機関の本部、支部の幹部名がある。バンコクでのインド独立連盟との関係もある。(9)

ほとんどの日本兵は自軍が持つ中野学校の存在を知らなかったが、知っている者の知識も浅く、不正確であった。ある憲兵が尋問の際に、友人となった中野出身者仲峰伸一軍曹（3戊）から中野学校の防諜や破壊工作の授業のことを耳にしたが、仲峰自身が全体のコースについての知識をもっていなかったらしい（Seatic Intelligence Bulletin No230 1945.8.9）。しかし英軍は大川塾出身者から中野情報を断片的ながら得ていた。大川周明が一九三八年に始めた大川塾（東亜経済調査局付属研究所）は一九四五年五月まで存続したが、卒業生は九五名にすぎなかった。かれらは東南アジアの領事館、商社などに配属されるものの、開戦でその語学力を買われて、軍の嘱託となった。大川塾ではインテリジェンス教育をまったくしていなかったので、卒業生は敵国機関によって尋問を受けた際、ガードしたり、はぐらかすノウハウをほとんど身につけていなかった。

英軍はマジウズ少佐が四五年十二月に「中野学校ノ概要」を問い合せている。[10] オーストラリア軍は、ニューギニアなど南方での日本軍との交戦において、特務機関などインテリジェンス機関の断片を入手する一方、ビルマ戦線での英軍入手情報の提供を受けていた。したがってアメリカ軍よりも早く中野学校の存在を知っていた。[11]

アメリカは一九四六年四月十七日に渉外課に対して「大川周明ノ学校ノ件」や憲兵学校などを問い合せているが、中野学校は対象に入っていない。[12]

アメリカ軍はマッカーサーの独善的インテリジェンス活動によって、英軍側からの捕虜供述情報に無関心であった。マッカーサー戦域から排除されたＯＳＳ（ＣＩＡの前身）は、わずかにビルマで日本軍のインテリジェンス工作と対峙したが、活動の規模も小さく、入手した情報も微々たるものであった。

終戦直後／ソ連の突出する中野情報

前章で述べたとおりソ連は満州特にハルビンでの長期の関東軍情報部との対峙で日本の特務活

動、情報活動の概要をかなり体系的に把握していたが、日本本土での活動までは知らなかった。ゾルゲグループも中野の存在に気づかなかった。中国共産党の毛沢東の本拠地であった延安には通算すれば二千五百名もの日本兵捕虜がいた。反戦、反日を唱える各地の日本人民解放同盟では各方面の在中日本軍の兵士捕虜をプロパガンダ戦士にする洗脳教育がなされた。中野学校と同じ時期に同規模のインテリジェンス教育がなされたことに筆者は注目してきたが、彼らの中で中野出の捕虜は見当たらない。第五章で見た蔣介石側に拉致された一例があるが、それ自体の与えた影響はないと思われる。

ソ連が連合軍のなかでは抜きんでて、日本の特務機関とそのインテリジェンス活動の把握のために、終戦直後から徹底的な追跡を開始した。最大の関心を寄せた731部隊についても、東京裁判やハバロフスク裁判において熱心に追及したが、いかんせん石井四郎はじめ731部隊の指導者がソ連軍の逮捕を免れ、実験成果を日本に持ちかえった。さらにアメリカは彼らの戦犯免罪との交換で731情報を独占した。

ソ連は731追及の失敗に懲りて、関東軍のインテリジェンス工作情報の独占をねらった。この方面では多数の日本軍関係の指導者、実行者をほぼ独占状態で確保した。シベリアでの長期抑留者に対する強圧的尋問、非人道的追及によってじっくりと調査、把握することができた。

イギリスは占領直後の一九四五年十月ごろから中野情報の重要性に気づき、一九四五年十二月二十二日には「中野学校ノ概要」のリポートを日本側機関に提出要請している（中央終戦処理要求書)[13]。しかし詳細な情報は出していない。終戦連絡の旧日本軍側責任者有末精三がかつての参謀本部第二部長として中野情報を故意にぼかし、尋問活動を遅らせていた側面も見逃せない。有末は一九四六年六月に「軍関係学校調査の質問」を寄せて来た際、参謀総長所管学校として陸軍大学校と並んで陸軍中野学校の所在地を知らせただけで、その内容については触れていない[14]。

イギリス憲兵隊のラインハート少佐が第一復員局を通じ一九四五年十一月末に中野の「創設から解散までの教育計画や付属資料を、焼却した分と同じ内容に復原、提出しろ」と命じてきた[15]。

アメリカは一九四六年後半に中野学校の存在に気づき、その情報収集に腰を上げる。同年六月十日に同校や分校の所在地の情報を日本側から初めて提供された[16]。それまでは陸軍大学校と中野学校を取り違えるような初歩的ミスをしていた。米側が関係者への尋問に入るのは一九四七年に入ってからであるが、その時期には米軍関係者は冷戦開始でソ連情報に関心が傾斜していた。中野学校の活動実態把握をないがしろにして、むしろソ連から帰還する抑留者の中に混じっているソ連情報に詳しい中野出を活用すべくシベリアからの帰還者に接触し、対ソインテリジェンス獲得に動きだす。さらに一九四七年四月四日、GHQと日本政府の連絡業務を担った終戦連絡事務局に対して、ハルビンの日本特務機関の機能や方法に関する詳細な報告や全機関の職員表の提出を求めた。その際、関東軍の大佐以上の全将校の情報も要求した。

占領後期／冷戦による情報収集目的の変化

ソ連側は連合国でもっとも中野研究を進めたと推測されるが、その成果は発表されていない。ソ連は中野関係者を一九五六年末まで囲い込み、シベリア最長期の抑留者として彼らからインテリジェンスを貪欲に吸い取った。一九五〇年に毛沢東に渡した五千人の抑留者には憲兵関係者はいたが、中野関係者は一人もいなかった。

一方、アメリカは朝鮮戦争が始まると、中野調査にはほとんど動かなくなった。731部隊調査ほどの成果なしと断定したのであろう。国内での中野学校への戦争責任追及はあいまいとなり、日本政府に課した中野関係者の公職追放も不徹底となった。

その後、アメリカ軍はソ連からの帰還将兵からソ連とくにシベリアのインテリジェンスの入手に全エネルギーを注ぐ。その際、最後まで取り残された中野出身の抑留者が、ソ連インテリジェンスの所有者として重宝されたと思われる。したがって占領期の中野学校に関するGHQ資料はG2資料にも、CIA資料にもごく僅かである。

3 中野学校は負の遺産だけではない

当時の前線幹部による中野評価の高さ

日中戦争はついにはパールハーバーとなって中野インテリジェンス戦士への需要は広がり、その有用性への認識が軍内部に高まった。

中野学校創立者のひとりで、自らも一九四二年から一年一カ月間、インド工作を行う特務機関で中野出を使った岩畔豪雄は「準備されていた秘密戦」という文章で、「中野出身の将校が戦線のあちこちであげた輝かしい功績をいちいち列挙することはとうていできない相談であるが、当時機関長として部下に十数名の中野出身将校を使った私の狭い経験からいっても、彼らの勤務成績は抜群であって、積極的に危地におもむく勇気、謀略、諜報などの処理能力等はとうてい一般将兵の追随を許さぬものがあった。中野学校出身者に対するこのような所感は私ばかりでなく、戦線の各方面にあったらしく、中野学校出身者を要求する声は盛んになって、人事当局が出身者の割りふりに当惑したことは事実である」と証言している。[17]

同様な文章はあちこちに散見される。創立期に参謀本部ロシア課班長で、中野でも二年間講師をしていた甲谷悦雄は中野出が各機関で取り合いだったと語った後、「関東軍参謀に転出してからもできるだけ多くの中野学校卒業将校に来てもらって、複雑困難な第一戦の各種の情報勤務についてもらったが、どこでもすばらしい成果をあげてくれた。頼もしい限りだった」と絶賛している。[18]

中野学校の評判を聞いて、ビルマ、北支、満州で類似のミニ中野学校が卒業生を教師に招いて設立された。岩畔機関の後身の光機関は通算百二十名を超える中野出を受け入れていた。

中野の一期生は十八名だったが、その後中野出は急増し、最終集計で卒業生は二千三百十八名（その内二俣分校六百九名、全体の四分の一）となった。

下士官は五百八十九名と数は多いが、彼らの体験記、証言などは尉官に比べあまり残されていない。

中野人材の限界

創立時にはじっくりとインテリジェンスの教養を身に付けさせた「情報勤務者」、長期忍者を育成する意図をもっていた。本書を通じて再三述べてきたとおり、中野学校が存在した七年余り、戦局の推移が速く悪化したため当初の構想にあった情報将校育成の成果を出せなかった。

中野は時局に追われた。時局の変化が速すぎた。中野は落ち着いて独自の教育活動をする余裕がなかった。それは軍工作の従属変数であった。情報機関への人材供給源の宿命といえよう。

少佐が最高ポストで、それも十数人で、ポツダム昇進組である。ほとんどが将官の使い走りであった。軍司令を出せる将官クラスの出身者がいなかったので、最終評価は難しい。

結果的に中野学校では専門家が育たなかった。理論家も生まれなかった。固定したテーマを追究する人材、一定の地域に留まった諜報のベテランなどが、短期間での激しい人事異動と戦死者、行方不明者の増加で消耗させられた。敗戦と同時に学校は消滅、校友会は卒業生のみとなった。現在、存命者は数えるほどとなった。

テキストはもともとその教室かぎりであった。彼ら関係者は秘密保持に徹するあまり、研究あるいは諜報分析を行う余裕がなかった。自らの教育活動の成果をじっくり点検する時間がなかった。残ったものも終戦時に焼却された。教育研究遺産は乏しい。

総力戦での独立変数としての理念確保も戦局の進展の速さに振り回された。慌ただしい大量の促成栽培では人材は育たなかった。まず科学的、マクロ的志向の岩畔構想が崩れ、ついで実践的、ミクロ的な秋草構想が縮小する。

卒業生は特務機関の末端将校として重宝がられたが、軍全体の工作での彼らの役割は小さく、インテリジェンス活動を主体的に動かせない消耗品で終わった。

「諜報謀略的人格」の戦士を育成せんとする一期、二期生を育てた理念は、出発早々での神戸事件（伝統的軍ファシズムの内部からの暗闘事件）の発生と天皇発言で殺がれた。

一期生の場合、少佐になっても部下を持たなかった一匹狼であった。つまりラインに属さないスタッフとしてしか位置づけられていなかった。戦争末期には名目上年功序列的に地位が上がって一部の戦域では部下をもつ者も出てきたが、軍の中で発言力を集積、増大できなかった。

スパイ活動嫌悪の中野戦士

八代昭矩（1乙）は日本が緒戦の勝利に酔っていた一九四二年六月に中野学校に入学した。まだ創立期の教育理念が残っていた。彼は言う、「中野学校イコール、スパイ養成所という感じを持たれるのは、はなはだ当を得てないいんじゃないか。1乙では、中野の教育は秘密戦士の育成だといわれた。情報、宣伝、謀略、占領地行政、この四つを遂行できる人間を作り上げることを目的とし、またそれを教わったのです[19]」

先に出た渡部富美男（乙Ⅱ短）は中野学校の卒業を隠そうとする捕虜体験者であったが、同校がスパイ学校と呼ばれることに反発を示した（第五章参照）。どうもスパイ養成所出身であるといわれることに反発するのは中野出に共通している。そのとき彼らはスパイでなく、総合的なインテリジェンス教育を受けたという強烈なプライドがあったことが分かる。

それでは諜報とか謀略の遂行には自ら卑劣なと見なすスパイ行為が不可欠であることに、彼らはどう合理化するのであろうか。

満州や中国大陸では自ら安全地帯にいて、異民族の工作員を敵地に潜入させる。汚いスパイの任務は白系ロシア人や買収中国人らにやらせれば良いと考えていたようだ。

長くアパカ特務機関長として実績を残した牧野正民大佐は部下の機関員から「機関長殿、自分を潜入させて下さい。自分のこの目で見届けて来たいです」とソ連軍の演習状況のスパイ偵察許可を一九四四年ころ要請した。牧野は目を開いて「いかん！　機関員を向地（注・敵地のこと）に入れることは絶対にしない、みなもその心算でおれ！」と。それでいて敵地に蒙古人のスパイをたくさん投入していた。他の特務機関も同様で、日本人機関員と異民族工作員を差別し、後者の生命への配慮はほとんどなかった[20]。

敵地へスパイを潜入させる手法は、二〇一二年のシリア内戦取材でのフリージャーナリスト山本美香が死亡した事件を想起させる。それは安全地帯にいる大メディア記者がフリージャーナリストを代わりに危地に派遣する構図にそっくりである。

4　アジア民族への配慮不足

馬場嘉光は中野学校時代に「アジアの抑圧された異民族の解放・独立」という使命感を徹底して教育されたという[21]。

一九五六年に岩畔豪雄は中野学校出身者の精神的共通の理念は「被圧迫民族の解放」であったと述べ、日本の英米への参戦がアジア・アラビア・アフリカの十八カ国の独立を導いたという。ただ立派な看板を忠実に実行する意思があり、戦勢が著しく劣弱でない時期、つまり一九四三年の夏ごろに「シンガポール島をのぞく一切の領域に独立を与え、終戦までこれをつちかえば、これら領域の諸民族からもっと大きな感謝をささげられたであろう」という。[22]
後の祭りである。中野教育を見る限り、アジア解放の姿勢はほとんど見られなかった。

異民族対象の補導部の設置

それでも中野創立期に異民族への配慮を示す動きがあったことには言及したい。一九四〇年七月の公文書に補導部の誕生を示す資料がある。[23] それによれば、学校の付属として「補導部ヲ設ケ異民族、混血児」その他を収容教育するという。同部は中野郊外に適当な家屋を借り上げ、当校職員が指導し、外に高等官二、三等級の嘱託を置いて、専任指導するとある。それが誕生したことによる「陸軍中野学校人員比較表」が出ていて、補導部学生は五十人とある。同時期の乙種Ⅰ期長期学生の四十人よりも十名多い。「補導部学生費算出明細書」では、学生一人の手当は一カ月百円で、家屋借上費は年六千円となっていて、嘱託手当、教材費などを総計すれば、年十八万九千二百円である。

ここにある異民族が具体的にどの民族か分からない。またいつまで存続したかを示す資料もない。ただ補導部なるものは、後方勤務要員養成所から陸軍中野学校に改称し、卒業生の海外進出をねらう同校への陸軍のバックアップが強まった時期の産物であった。

高砂族遊撃戦支援への遅まき感謝冊子

異民族の日本軍への協力として、太平洋戦線を見れば、見落とせないのが、台湾原住民高砂族の存在である。中野校友会では一九八二年に『高砂族兵士と共に（遊撃戦教育と遊撃戦）』という九十三頁の冊子を出した。「校史」で高砂族と中野関係者との深い関係についての記述が十分でなかったという福本亀治の指摘が当時の中野校友会を動かし、この本を出すことになったという経緯を桜一郎会長が「序」で語っている。桜によれば、一九四三年以降のニューギニア方面での遊撃戦、フィリピン、モロタイ方面での活動などへの貢献があるという。「何れの段階においても中野の同志と高砂族出身兵士との固い結びつきによってその任務が遂行されたものと信じます。然るに彼らの多くは戦いに傷つき斃れ」たにもかかわらず、なんら報われていないまま今日にいたったと反省しきりである。

同書の「あとがき」では、第五回高砂義勇兵復員名簿の五一六名のうち、戦病死二三九人、不明四十一人と紹介されている。こうした事情や高い被害率を知悉する木次一郎（俣1）は日本人として、また中野OBとして公私で彼ら高砂族兵士の顕彰、遺族救済で動いた。またインドネシアのモロタイ島で一九七四年の小野田救出の頃に高砂族出身の元日本兵中村輝夫（日本名）が発見され、台湾に帰国したときも同様に誠意を示した。

一期生扇貞雄の異民族追悼の一匹狼活動

一期生名簿の最後にある扇貞雄は一九五一年という早い時代にまとまった手記を残している。

彼は、関東軍司令部に配属された当初、満州国外交主事に偽貶して、ソ満国境都市だけでなくモスクワ、リスボンなどを偵察する外交伝書使（クーリエ）の任務をこなした。またハルビンを舞台に白系ロシア人の反ソ活動を支援し、その実績が評価され、一九四〇年上海軍に転属された。彼によれば、上海で白系露人宅に一年半同居し、上海十五万人の白系露人掌握工作に没頭、英国工部局「ロシア」人連隊を傘下に指導したという。(24) 一九四二年、樺太の敷香（シスカ）特務機関長となり、ギリヤーク族やオロチョン族などの協力を得て反ソ工作を行い、また北方ロシア人の動向を探った。

さらに一九四四年には南方総軍司令部に移り、スマトラ特務機関で活動。そして終戦時にはマレーの第二十九軍で工作隊長を務めた。

扇ほど日本軍の占領地域で幅広く秘密工作を実行した一期生は見当たらない。いずれの地域でも現地の異民族の協力を仰いだ。彼は一九七五年五月に神戸護国神社に立派な石碑の「北方異民族慰霊之碑」を自費で建立した。

扇は一九八四年に上海を団体旅行で訪ねた際に寸暇を得て、彼や日本軍に協力したがゆえに処刑された多数の白系ロシア人の処刑場を訪ね、彼らを秘かに供養した次の文章には中野卒業生の「誠」が表現されている。

タクシーを急がせ、元上海大競馬場、現中央大人民広場に至る。敗戦時、上海ソ連総領事館の密告を主として、八路軍特務や、藍衣社、ＣＣ団（抗日秘密結社）等の、逮捕において、日本軍に協力した罪により捕えられ、無数の奸漢なる名の下に、対日協力支那人と共に惨殺された白系露人連隊将校と、その家族の処刑跡を弔問す。[25]

本書の分析に活用させてもらった『全記録ハルビン特務機関――関東軍情報部の軌跡』の巻末で著者西原征夫は自身の参謀本部ロシア課情報参謀時代に多くの白系・蒙系その他の異民族工作員を使ったと述べ、「これ等の人達は、相手側の政府から反逆者の刻印を捺され、その魂は安住の処を得ず、空しく朔北（注・北方の地）の空をさまよっているのではあるまいか。思えば、一掬の涙なきを得ない。戦後三回に亘り、元の情報部職員の有志が集って、関係者の慰霊祭を行ったが、この時これら異民族の霊をも併せ慰めたのであった[26]」

扇や西原のように異民族同志への追悼を示す中野関係者は少ない。

5　中野学校とインテリジェンスの博物館を

沈黙を強いた戦後環境

一期生でも少佐どまりで、中野卒は下級将校で目立たぬ存在。各人の行動は秘密性が高く、集団的行為になじまなかった。指揮権限も弱かったので、戦争の展開に責任はなかったといってよかろう。逆に専門家としての評価も生まれにくかった。したがってGHQによる戦犯追及は捕虜扱いの現場で若干あった程度。歴史的責任は少ない。敗戦でインテリジェンス専門家としての経験知や履歴を買われることはほとんどなかった。731部隊関係者は戦後医学界や医薬業界で重宝されたが、それは一部の医師だけであった。全体に卒業生は沈黙を貫いた。体験を忘れようとした。

占領期の帝銀事件その他の黒い霧事件の犯人捜しに中野出の介在がマスコミにまことしやかに報じられることが多かった。中野卒は公然と反論することはなく、その嵐の通過を首をすくめて待つのみであった。完璧な敗戦、公職追放、秘密主義が中野出のコミュニティに浸透し、そのエートスが下級将校たちの総ざんげ、総沈黙を強いた。

後に中野校友会の会長としてOBの世話で活躍した東大出の桜一郎（乙Ⅱ長）は「中野出身者ということで、CIAから何度も呼びだされて調査され、F項該当とかで公職追放の宣告を受けたため、到底元の職業三菱銀行に復職出来る状態ではないと考えて、九州の中小炭鉱にもぐり込んで、昭和四十年まで九州方面を生活の本拠にして過ごしてしまった」と慚愧した。(27)

中野出はもっと経験を語るべきではなかったか

杉浦了介なる人物は獣医将校であったが、情報部第四班で清都徳也、小泉俊彦ら中野出の中堅幹部と親しかった。彼は一九八五年に中野出の姿勢に共感を示していた。

今では陸軍中野学校出身者の大部分の人は固く口を閉ざして多くを語らないし語ろうともしない。私は中野学校出身者ではないがそれでよいと思う。我々のやっていた仕事はぺらぺら語る事でもないし、永遠に秘密のベールに包まれていてよいのではないかと考える。(28)

筆者はこの杉浦説に反対である。シベリア抑留体験者は満州での敗戦体験、抑留体験を後世のインテリジェンス研究のために苦しくとも厳しくとももっと語るべきではなかったか。

日米安保体制においてアメリカも吉田茂ら保守陣営でさえも、旧軍人の将官の警察自衛隊への採用に消極的であった。旧陸軍のインテリジェンス・オフィサーはもちろん中野出の幹部も初期の自衛隊に登用されるものは少なかったし、中野の体験、蓄積したノウハウもほとんど無視された。敗戦と戦後の非軍国主義化、アメリカへの軍事依存がインテリジェンスの総括や研究の台頭を抑えてきた。

校史『陸軍中野学校』[29]は中野校友会の誇るべき遺産である。公文書皆無に等しい時代に、生きて持ち帰った経験と記憶を集合的に総結集し、総合分析した中野出の知性の総決算が「校史」である。同書は中野出の底力を地味な形で表わした金字塔といって過言でない。これを全体的に乗り越えるということは今の研究段階では不遜である。筆者は発掘した創立期の公文書を早く使える有利な立場にありながら、かなり時間をかけて今日に至るも、総括的な「校史」の記載、分析を超えることが出来なかった。本書は「校史」なくしては骨格さえもつくることは不可能であった。「校史」を足場にしてようやく試論にとりかかることができたといえよう。

国は、ないと言われてきた公文書、関連文書をもっと整理して、公開すべきである。昨年筆者が請求した「関東軍情報部五十音人名簿[30]」など関連資料を国立公文書館は二〇一七年初めに部分公開した。これら資料は占領下に厚生労働省の前身が作成した引揚関連資料である。おかげで中野学校の関東軍情報部への関与の度合いが人名から判断できるようになった。ただ時間不足で本書に十分に活用できなかった。

中野公文書の焼却は科学的、実証的研究の台頭を抑えた。公文書のない一九四三年から四五年の中野学校の後半期の研究を阻害した。創立期の資料のアジア歴史資料センターでの公開と筆者自身による発掘からも十年を経ていない。

中野のスパイ物語風の著作や大映の中野映画化など、一面的な作品が次々と刊行されて今日にいたっている。その多くが断片的秘話を組み合わせた読み物風の記述に終始しているため、成果として継承しにくい。集められた証言や資料にはそれ自身に価値あるものがあるにはある。多くの中野出に接触して得た証言を軽視するわけではない。しかし別々の人物の証言を組み合わせて勝手につくりあげたもの、出所がはっきりしないもの、興味本位の中野物語や小野田言行録はそれらが文学作品ならばそれなりの意味があろうが、かれらの著作をノンフィクションとして引用するのは危険である。むしろそれらは至当な分析、研究を阻害している。

それよりもなによりも中野の伝統は現在の自衛隊には受け継がれなかったと見てよかろう。むしろ自衛隊は装備もインテリジェンスも創立時から米軍に従属化して、独立国の軍隊の体をなしていない。それにしたがって日本人のインテリジェンスの意識もリテラシーのレベルも、江戸時代のそれに退化してしまったと言ってよかろう。

博物館の意義

「校史」が出てから早四十年になろうとしている。残念なことはその間に校友会による改定版や普及版が出なかった。周辺資料は散逸し、あるいは虫食い状態が続いてきた。これをどう克服するべきか。今からでも遅くない。関連資料を収集、公開するための中野博物館建設が待たれる。

筆者自身、ＮＰＯ法人インテリジェンス研究所を作り、微力ながら名簿や資料のファイル化、データベース化を進めている。各学校の創業者、立案者の遺族の協力を得て、歴史の出発点を固める博物館の必要性を痛感する。断片的証言や経歴といえども、その博物館に集積されれば、有機的な研究は前進するだろう。

他の機関との比較で中野学校の意義を浮き彫りにする必要がある。憲兵や海軍のインテリジェンス活動と比較することも必要である。各学校の遺族から日記、メモ、手紙などを集めたミュージアム建設を目指すべきと考えている。

中野学校の最終総括・評価は時期尚早で、多くの歴史家、インテリジェンス分析家の参加が不可欠である。それには国家による物的、資金的な援助が待たれる。

ソ連は関東軍情報部のすべての要人を捕虜ないし戦犯にし、長期間抑留しながらその実態を把握し、冷戦のインテリジェンス工作に活用しようとした。日本はその戦績を評価することはなく、現在にいたった。「校史」や西原征夫[31]、甲谷悦雄[32]、有賀傳[33]などの著作、文献もごくわずかしか残っていない。

七年間という短期間でさまざまのインテリジェンス体験をしたのが中野戦士であった。われわれは関東軍情報部で頂点に達した中野学校や特務機関を使った戦前の工作の仕組み、方向を客観的、冷徹に分析しなければならない。公文書が焼失した中で、経験者の証言を集め、その欠如を補うべきである。多少のプライバシーは堪忍してもらい、多様な資料を広範囲から集めるところから未来に活用する道は開けよう。
失敗を語れ、失敗から学べ！
レガシーを総括せよ！

エピローグ　文献

（1）丸山静雄『還らぬ密偵――対ソ・蒙満謀略秘史』平和書房、一九四八年、一一一―一一二頁参照。朝日新聞記者の手になる本書は直接現地取材したものでなく、関東軍情報部関係者からのヒアリングに基づくものであろう。
（2）猪俣甚弥証言『中野校友会々誌』二十九号、一七頁
（3）前掲『特務機関』巻末「語られざる実話」所収。本文は内蒙古のアパカの特務機関で起きた出来事を伝えた『特務機関』という本に掲載された文章「日本人を捨てよ」からの引用である。（1）の「老密偵」とは関係ない。
（4）前掲井崎喜代太「あの日あの頃」
（5）石田三郎『無抵抗の抵抗――ハバロフスク事件の真相』日刊労働通信社、一九五八年、馬場嘉光『シベリアから永田町まで』展転社、一九八七年
（6）五十嵐惠邦『敗戦と戦後の間で――遅れて帰りし者たち』筑摩選書、第六章参照
（7）山本武利『特務機関の謀略』吉川弘文館、一九九八年
（8）東京大空襲・戦災資料センター所蔵
（9）**SEATIC; *Army School System*, RG 319"P" File Box 3178**
（10）情報諜報ニ関スル「マ」司令部要求事項目録（筆者所有）
（11）山本武利『日本のインテリジェンス工作』新曜社、二〇一六年、第三章

(12)「今後ニ於ケル特務機関々係連絡予定表」(筆者所有)
(13)第一復員省文書課長「連合軍司令部ノ質問ニ対スル回答文書綴」一九四六年六月八日、防衛研究所(中央)終戦処理一八
(14)「連合軍司令部ノ質問ニ対スル回答文書綴」一九四六年六月十日、防衛研究所(中央)終戦処理一八
(15)山本正義「陸軍中野学校終末秘話」『中野校友会々誌』二十九号
(16)渉外報第八五号(筆者所有)
(17)前掲「岩畔秘密戦」
(18)甲谷悦雄「創立当時の思い出」『軍服の青春《陸軍編》』ノーベル書房、一九七九年
(19)『「中野」の教育と信条」前掲『歴史と人物』一九八〇年十月号
(20)野上茂雄「その日に備う」前掲『特務機関』一一五―七頁
(21)前掲『シベリアから永田町まで』七七頁
(22)前掲「岩畔秘密戦」
(23)C01004808500
(24)扇貞雄『ツンドラの鬼(樺太秘密戦実録)』一九五一年
(25)甲谷悦雄「四十年振り中支江南の地を訪ねて」『楯国』一九八五年一月号
(26)西原征夫『全記録ハルビン特務機関――関東軍情報部の軌跡』毎日新聞社、一九八〇年、二七一頁
(27)「随想」盛四機三会編『同期の友よ　盛岡陸軍予備士官学校第四期生機関銃中隊第三区隊回想録』盛四機三会回想録編集委員会、一九八七年、二九四頁
(28)杉浦了介「シベリア抑留生活を顧みて今想うこと」朔北会編刊『続・朔北の道草』一九八五年、六八八頁
(29)中野校友会編刊『陸軍中野学校』一九七八年
(30)「関東軍情報部五十音人名簿」国立公文書館つくば書庫8、8―46、1576
(31)前掲(25)

(32) 甲谷悦雄「満州に於ける情報勤務」一九五一年 C13010228900

(33) 有賀傳『日本陸海軍の情報機構とその活動』近代文藝社、一九九四年

あとがき

私がインテリジェンス史研究を始めたのは、二十年ほど前である。メディア史が専門だったので、軍事史の知識は浅かったし、今でもそうである。二〇〇七年にアジア歴史資料センターでたまたま「中野学校」のキーワードで公文書の束を見つけても、その意義がよく分からなかった。二〇一二年に中野学校の校友会関係者の太郎良《たろら》譲二氏にその資料を見せたら、それがまったく知られていないことを告げられた。当時ＮＰＯインテリジェンス研究所を設立したこともあって、私は中野学校史の研究を本格的に行う決意をした。

太郎良氏からコピー提供を受けた「中野校友会々誌」の断片の記述から、ＯＢたちの校史『陸軍中野学校』の周到な準備と刊行経過を知ることができた。また中野学校史を学ぶうえで同書が必携書であること、そして二十八万円という古書価格も高いものでないことを知った。その校史でも公文書類がほとんど使われていない。そこで筆者は公文書が欠如している中野学校史後半の部分には、中野出の人々の証言に頼ることになった。なるべく多様な証言を集め、相互の比較によって信憑性の高いものを選択するように心がけた。この点では木村洋氏から中野学校入学前に所属していた幹部候補学校や部隊の同窓会誌、回想録の所在を教えてもらった。彼自身の発見資料の一部を使うことにもなった。

なによりも有難かったのは坂本昇二朗氏の助力である。同氏は会社に勤めながら、四十年以上にわたり中野学校などインテリジェンス資料を幅広く収集、分析してきた。そして私の主宰するNPO法人インテリジェンス研究所の正会員として従来の蓄積を社会還元する活動に入っている。実際、我々の刊行する研究誌『Intelligence』十七号に「最後の証言――陸軍中野学校〈第一期生〉牧澤義夫氏」を執筆された。この論文は中野学校研究では画期的な個人史研究である。今回、坂本氏は私の原稿を自身の収集した膨大な資料に当って隅々までチェックし、誤りを指摘し、足りない点を補ってくれた。そのために彼の今年の夏休みは全て使われた。おかげで私は知識、認識の不足を多少なりともカバーすることができた。もちろんこの本の分析の責任は筆者にある。

なお筆者は坂本氏とともに、二〇一六年五月に中野学校卒業生である牧澤義夫氏にインタビューを行った。その際に牧澤氏から供与された写真を、本書中に多数掲載した。牧澤氏はその年十一月に百一歳で他界されたが、大変貴重な写真を譲ってくれたことに改めて感謝したい。

本書の編集者は筑摩書房の伊藤笑子氏であった。彼女はポイントを押さえ、よい原稿にまとまるように助力してくれた。

本書の執筆では早稲田大学図書館、国立公文書館、防衛研究所、昭和館、靖国神社偕行文庫などのほか、各種データベースとくにアジア歴史資料センターを活用させてもらったことを記し、厚く感謝したい。

二〇一七年九月二十八日　　山本武利

人名索引

【な行】

【は行】

【ま行】

事項索引

【さ行】

【た行】

【な行】

【は行】

【ま行】

【や行】

【ら行】

山本武利（やまもと・たけとし）
一九四〇年愛媛県生まれ。一橋大学大学院社会学研究科博士課程修了。博士（社会学）。現在「20世紀メディア情報データベース」を運営するNPO法人インテリジェンス研究所理事長。早稲田大学名誉教授、一橋大学名誉教授。専攻はマスコミ史、情報史。主な著書に『特務機関の謀略』（吉川弘文館）、『ブラック・プロパガンダ』『GHQの検閲・諜報・宣伝工作』（以上岩波書店）、『近代日本の新聞読者層』『広告の社会史』（以上法政大学出版局）、『日本兵捕虜は何をしゃべったか』（文春新書）、『朝日新聞の中国侵略』（文藝春秋）、『日本のインテリジェンス工作』（新曜社）など。

筑摩選書 0152

陸軍中野《りくぐんなかの》学校《がっこう》 「秘密工作員《ひみつこうさくいん》」養成機関《ようせいきかん》の実像《じつぞう》

二〇一七年一一月一五日　初版第一刷発行

著者　山本武利《やまもとたけとし》
発行者　山野浩一
発行所　株式会社筑摩書房
東京都台東区蔵前二-五-三　郵便番号　一一一-八七五五
振替　〇〇一六〇-八-四一二三
装幀者　神田昇和
印刷 製本　中央精版印刷株式会社

 ISBN978-4-480-01658-4 C0321

筑摩選書 0146

帝国軍人の弁明
エリート軍人の自伝・回想録を読む

保阪正康

昭和陸軍の軍人たちは何を考え、どう行動し、それを後世にどう書き残したか。当事者自身の筆による自伝・回想・証言を、多面的に検証しながら読み解く試み。

筑摩選書 0140

ソ連という実験
国家が管理する民主主義は可能か

松戸清裕

一党制でありながら、政権は民意を無視して政治を行うことはできなかった。国民との対話や社会との協働を模索しながらも失敗を繰り返したソ連の姿を描く。

筑摩選書 0131

「文藝春秋」の戦争
戦前期リベラリズムの帰趨

鈴木貞美

なぜ菊池寛がつくった『文藝春秋』は大東亜戦争を牽引したのか。小林秀雄らリベラリストの思想変遷を辿り、どんな思いで戦争推進に加担したのかを内在的に問う。

筑摩選書 0105

昭和の迷走
「第二満州国」に憑かれて

多田井喜生

破局への分岐点となった華北進出は、陸軍の暴走と勝田主計の朝鮮銀行を軸にした通貨工作によって可能となった。「長城線を越えた」特異な時代を浮き彫りにする。

筑摩選書 0050

敗戦と戦後のあいだで
遅れて帰りし者たち

五十嵐惠邦

戦争体験をかかえて戦後を生きるとはどういうことか。五味川純平、石原吉郎、横井庄一、小野田寛郎、中村輝夫……。彼らの足跡から戦後日本社会の条件を考察する。

筑摩選書
0137

〈業〉とは何か
行為と道徳の仏教思想史

平岡聡

仏教における「業思想」は、倫理思想であり行為の哲学でもある。初期仏教から大乗仏教まで、様々に変遷してきたこの思想の歴史と論理をスリリングに読み解く！

筑摩選書
0138

ローティ
連帯と自己超克の思想

冨田恭彦

プラグマティズムの最重要な哲学者リチャード・ローティ。彼の思想を哲学史の中で明快に一から読み解き、後半生の政治的発言にまで繋げて見せる決定版。

筑摩選書
0144

アガサ・クリスティーの大英帝国
名作ミステリと「観光」の時代

東秀紀

「ミステリの女王」アガサ・クリスティーはまた「観光の女王」でもあった。その生涯を「ミステリ」と「観光」を軸に追いながら大英帝国の二十世紀を描き出す。

筑摩選書
0145

楽しい縮小社会
「小さな日本」でいいじゃないか

森まゆみ
松久寛

少子化、先進国のマイナス成長、大変だ、タイヘンだ……？ 持たない生活を実践してきた作家と、技術開発にしのぎを削ってきた研究者の意外な意見の一致とは！

筑摩選書
0147

日本語と道徳
本心・正直・誠実・智恵はいつ生まれたか

西田知己

かつて「正直者」は善人ではなかった⁉ 「誠実」な人もいなければ、「本心」を隠す人もいなかった⁉ 日本語の変遷を通して、日本的道徳観の本質を探る。

筑摩選書 0063

戦争学原論

石津朋之

人類の歴史と共にある戦争。この社会的事象を捉えるにはどのようなアプローチを取ればよいのか。タブーを超え、日本における「戦争学」の誕生をもたらす試論の登場。

筑摩選書 0072

愛国・革命・民主
日本史から世界を考える

三谷 博

近代世界に類を見ない大革命、明治維新はどうして可能だったのか。その歴史的経験から、時空を超える普遍的英知を探り、それを補助線に世界の「いま」を理解する。

筑摩選書 0073

世界恐慌（上）
経済を破綻させた4人の中央銀行総裁

L・アハメド
吉田利子 訳

財政再建か、景気刺激か――。1930年代、中央銀行総裁たちの決断が世界経済を奈落に突き落とした。彼らは何をし、いかに間違ったのか？　ピュリッツァー賞受賞作。

筑摩選書 0074

世界恐慌（下）
経済を破綻させた4人の中央銀行総裁

L・アハメド
吉田利子 訳

問題はデフレか、バブルか――。株価大暴落に始まった大恐慌はなぜあれほど苛酷になったか。グローバル経済黎明期の悲劇から今日の金融システムの根幹を問い直す。

筑摩選書 0076

民主主義のつくり方

宇野重規

民主主義への不信が募る現代日本。より身近で使い勝手のよいものへと転換するには何が必要なのか。〈プラグマティズム〉型民主主義に可能性を見出す希望の書！

筑摩選書 0045

北朝鮮建国神話の崩壊

金日成と「特別狙撃旅団」

金 賛汀

捏造され続けてきた北朝鮮建国者・金日成の抗日時代。関係者の証言から明るみに出た歴史の姿とは。北朝鮮現代史の虚構を突き崩す著者畢生のノンフィクション。

筑摩選書 0039

長崎奉行

等身大の官僚群像

鈴木康子

江戸から遠く離れ、国内で唯一海外に開かれた町、長崎を統べる長崎奉行。彼らはどのような官僚人生を生きたのか。豊富な史料をもとに、その悲喜交々を描き出す。

筑摩選書 0055

「加藤周一」という生き方

鷲巣 力

鋭い美意識と明晰さを備えた加藤さんは、自らの仕事と人生をどのように措定していったのだろうか。没後に遺された資料も用いて、その「詩と真実」を浮き彫りにする。

筑摩選書 0057

デモのメディア論

社会運動社会のゆくえ

伊藤昌亮

アラブの春、ウォール街占拠、反原発デモ……いま世界中で沸騰するデモの深層に何があるのか。ソーシャルメディア時代の新しい社会運動の意味と可能性に迫る。

筑摩選書 0062

中国の強国構想

日清戦争後から現代まで

劉 傑

日清戦争の敗北とともに湧き起こった中国の強国化への意志。鍵となる考え方を読み解きながら、その国家構想の変遷を追い、中国問題の根底にある論理をあぶり出す。

筑摩選書 0031

日本の伏流
時評に歴史と文化を刻む

伊東光晴

通貨危機、政権交代、大震災・原発事故を経ても、日本は変わらない。現在の閉塞状況は、いつ、いかにして始まったのか。変動著しい時代の深層を経済学の泰斗が斬る！

筑摩選書 0007

日本人の信仰心

前田英樹

日本人は無宗教だと言われる。だが、列島の文化・民俗には古来、純粋で普遍的な信仰の命が見てとれる。大和心の古層を掘りおこし、「日本」を根底からとらえなおす。

筑摩選書 0021

贈答の日本文化

伊藤幹治

モース『贈与論』などの民族誌的研究の成果を踏まえ、贈与・交換・互酬性のキーワードと概念を手がかりに、日本文化における贈答の世界のメカニズムを読み解く。

筑摩選書 0043

悪の哲学
中国哲学の想像力

中島隆博

孔子や孟子、荘子など中国の思想家たちは「悪」について、どのように考えてきたのか。現代にも通じるこの問題と格闘した先人の思考を、斬新な視座から読み解く。

筑摩選書 0044

さまよえる自己
ポストモダンの精神病理

内海健

「自己」が最も輝いていた近代が終焉した今、時代を映す精神の病態とはなにか。臨床を起点に心や意識の起源に遡り、主体を喪失した現代の病理性を解明する。

筑摩選書
0046

寅さんとイエス

米田彰男

イエスの風貌とユーモアは寅さんに類似している。聖書学の成果に「男はつらいよ」の精緻な読みこみを重ね合わせ、現代に求められている聖なる無用性の根源に迫る。

筑摩選書
0060

近代という教養
文学が背負った課題

石原千秋

日本の文学にとって近代とは何だったのか？　文学が背負わされた重い課題を捉えなおし、現在にも生きる「教養」の源泉を、時代との格闘の跡にたどる。

筑摩選書
0070

社会心理学講義
〈閉ざされた社会〉と〈開かれた社会〉

小坂井敏晶

社会心理学とはどのような学問なのか。本書では、社会を支える「同一性と変化」の原理を軸にこの学の発想と意義を伝える。人間理解への示唆に満ちた渾身の講義。

筑摩選書
0077

北のはやり歌

赤坂憲雄

昭和の歌謡曲はなぜ「北」を歌ったのか。「リンゴの唄」から「津軽海峡・冬景色」「みだれ髪」まで、時代を映す鏡である流行歌に、戦後日本の精神の変遷を探る。

筑摩選書
0078

紅白歌合戦と日本人

太田省一

誰もが認める国民的番組、紅白歌合戦。今なお40％台の視聴率を誇るこの番組の変遷を、興味深い逸話を交えつつ論じ、日本人とは何かを浮き彫りにする渾身作！

筑摩選書 0087

自由か、さもなくば幸福か？

二一世紀の〈あり得べき社会〉を問う

大屋雄裕

二〇世紀の苦闘と幻滅を経て、私たちの社会はどこへ向かおうとしているのか？　一九世紀以降の「統制のモード」の変容を追い、可能な未来像を描出した衝撃作！

筑摩選書 0098

日本の思想とは何か

現存の倫理学

佐藤正英

日本に伝承されてきた言葉に根差した理知により、今・ここに現存している己れのよりよい究極の生のための地平を拓く。該博な知に裏打ちされた、著者渾身の論考。

筑摩選書 0099

明治の「性典」を作った男

謎の医学者・千葉繁を追う

赤川学

『解体新書』の生殖器版とも言い得る『造化機論』四部作。明治期の一大ベストセラーとなったこの訳書を手掛けた謎の医学者・千葉繁の生涯とその時代を描く。

筑摩選書 0100

吉本隆明の経済学

中沢新一

吉本隆明の思考には、独自の経済学の体系が存在する。これまでまとめられなかったその全体像を描くことによって、吉本思想の核心と資本主義の本質に迫る。

筑摩選書 0101

自伝を読む

齋藤孝

「自伝を読む」ことは「すごい人」と直に触れ合うことである。福澤諭吉から、ドラッカー、高峰秀子まで、「自伝マニア」の著者がそのエッセンスをつかみだす。

筑摩選書
0103

マルクスを読みなおす

徳川家広

世界的に貧富の差が広がり、再び注目を集める巨人・マルクス。だが実際、その理論に有効性はあるのか。歴史的視座の下、新たに思想家像を描き出す意欲作。

筑摩選書
0104

映画とは何か
フランス映画思想史

三浦哲哉

映画を見て感動するわれわれのまなざしとは何なのか。本書はフランス映画における〈自動性の美学〉にその答えを求める。映画の力を再発見させる画期的思想史。

筑摩選書
0113

極限の事態と人間の生の意味

岩田靖夫

東日本大震災の過酷な体験を元に、ヨブ記やカント、ハイデガーやレヴィナスの思想を再考し、「認識のかなた」としての「人間の生」を問い直した遺稿集。

筑摩選書
0148

新・風景論
哲学的考察

清水真木

なぜ「美しい風景」にスマホのレンズを向けるのか？ 風景を眺めるとは何をすることなのか？ 西洋精神史をたどり、本当の意味における風景の経験をひらく。

筑摩選書
0149

文明としての徳川日本
一六〇三―一八五三年

芳賀徹

「徳川の平和」はどのような文化的達成を成し遂げたのか。琳派から本草学、蕪村、芭蕉を経て白石や玄白、源内、崋山まで、比較文化史の第一人者が縦横に物語る。

筑摩選書
0135

ドキュメント　北方領土問題の内幕
クレムリン・東京・ワシントン

若宮啓文

外交は武器なき戦いである。米ソの暗闘と国内での権力闘争を背景に、日本の国連加盟と抑留者の帰国を実現した日ソ交渉の全貌を、新資料を駆使して描く。

筑摩選書
0139

宣教師ザビエルと被差別民

沖浦和光

ザビエルの日本およびアジア各地での布教活動の跡をたどりながら、キリシタン渡来が被差別民にもたらしたものが何だったのかを解明する。

筑摩選書
0141

「働く青年」と教養の戦後史
「人生雑誌」と読者のゆくえ

福間良明

経済的な理由で進学を断念し、仕事に就いた若者たち。知的世界への憧れと反発。孤独な彼ら彼女らを支え、結びつけた昭和の「人生雑誌」。その盛衰を描き出す！

筑摩選書
0142

徹底検証　日本の右傾化

塚田穂高 編著

日本会議、ヘイトスピーチ、改憲、草の根保守、「慰安婦報道」……。現代日本の「右傾化」を、ジャーナリストから研究者まで第一級の著者が多角的に検証！

筑摩選書
0143

アナキスト民俗学
尊皇の官僚・柳田国男

絓秀実
木藤亮太

国民的知識人、柳田国男。その思想の底流にはクロポトキンのアナーキズムが流れ込んでいた！　尊皇の官僚にして民俗学の創始者・柳田国男の思想を徹底検証する！